山东省经济格局
演变及机制的实证研究

张锦宗 朱瑜馨 著

中国农业科学技术出版社

图书在版编目（CIP）数据

山东省经济格局演变及机制的实证研究 / 张锦宗，朱瑜馨著 . —北京：中国农业科学技术出版社，2020.6

ISBN 978-7-5116-4730-6

Ⅰ . ①山… Ⅱ . ①张… ②朱… Ⅲ . ①区域经济发展—研究—山东 Ⅳ . ①F127.52

中国版本图书馆 CIP 数据核字（2020）第 074852 号

责任编辑　李　华　崔改泵
责任校对　马广洋

出 版 者　中国农业科学技术出版社
　　　　　北京市中关村南大街12号　　邮编：100081
电　　话　（010）82109708（编辑室）　（010）82109702（发行部）
　　　　　（010）82109709（读者服务部）
传　　真　（010）82106650
网　　址　http: // www.castp.cn
经 销 者　各地新华书店
印 刷 者　北京建宏印刷有限公司
开　　本　710mm×1 000mm　1/16
印　　张　11.75　　彩插11面
字　　数　217千字
版　　次　2020年6月第1版　　2020年6月第1次印刷
定　　价　78.00元

前　言

　　区域经济的高水平和协调发展是区域发展追求的最终目标。在尚未达到这一目标之前，区域经济会经历不均衡发展的过程。长期而言，不允许局部地区高速发展导致区域不平衡不断扩大，甚至威胁整个区域的长远发展。也就是说，区域经济发展水平的空间分布也要保持协调格局，否则，会影响区域经济整体的发展。区域经济的空间结构是指影响区域经济发展的各要素在特定区域的空间分布、要素组合状况及其功能联系。研究一个区域的经济空间结构，人们可以根据空间分析判断经济活动的空间形态，判断要素组合状况及其功能，探究影响区域结构的因素；揭示区域经济发展的过程及其作用机制，为区域经济发展提供借鉴。

　　1952年，山东省人均GDP相当于国家的0.76倍，1960年相当于国家的0.62倍，1980年相当于国家的0.87倍，1990年相当于国家的1.1倍，2010年相当于国家的1.37倍，2018年相当于国家的1.13倍。可见，山东省的经济发展经历了下降、长期上升、近期又明显下降的过程。与江苏、浙江、广东等省的对比也有类似的特征。以2010年为对比年份，山东省经济经历了相对弱化的发展历程。

　　从山东省内的经济差异来看，县级区域人均GDP的绝对差异在明显增大，但相对差距基本不变。根据基尼系数判断，自1995年以来，山东省的基尼系数都在0.33左右。基于县级区域的山东省经济总体差异较小，而且持续保持在稳定状态。从各级别类型县级区域的数目来看，分布呈现不均衡状态，山东省经济格局的半岛—内陆分异比较明显。

　　本书从人均GDP、城乡居民收入、人均地方财政收入等方面统计分析山东省经济空间格局，并从地理条件、农业生产条件、交通区位、产业结构、就业结构、海陆位置、质量人口红利、研发活动等方面定性、定量揭示山东省经济格局形成的原因。并结合最新一期山东省城镇体系规划与交通发展规划对山东省经济格局进行前瞻分析及提出优化策略建议。

全书共分为6章内容。第1章为山东省经济发展的地理基础分析,从地理条件、农业生产条件、交通地理区位、山东省在全国的地位演变分析山东经济发展的地理条件。第2章为山东省经济格局特点及演变趋势分析。分别分析人均GDP、农民收入、人均地方财政收入的时空格局演变,并综合分析山东省县域经济水平时空格局演变,并对山东省西部经济隆起带的可行性展开评价。第3章为山东省城乡居民收入的格局演变。分析了居民收入状况、城乡居民收入对应格局演变、城乡居民收入差距特征、城镇居民收入来源贡献特点与农村居民收入来源贡献特点。第4章为山东省区域差异演变及趋势研究。分别研究了基于县级区域的总体差异、人均GDP的水平分类、人均GDP的绝对差异与相对差异、山东省各县(市)经济发展水平空间相关与变异分析。第5章为山东省区域格局的影响因素分析。分别从三次产业对GDP贡献、就业与GDP相关性、海陆位置对经济发展的影响、质量人口红利对区域经济格局的影响、研发活动对区域经济格局的影响等方面分析了形成山东省经济格局的原因及作用机制。第6章为山东省经济格局优化前瞻。总结了本书的主要结论,结合近期出台的《山东省城镇体系规划(2011—2030年)》与《山东省综合交通网中长期发展规划(2018—2035年)》规定的空间开发策略分析了山东省区域经济格局的发展趋势,并提出优化策略。

本书是山东省社科规划研究项目"山东相对欠发达地区经济格局演变及机制的实证研究"(11CJJJ01)的研究成果,期望为山东省区域发展提供些许有益参考。同时也获得了2019年度江苏高校哲学社会科学研究重大项目"质量人口红利、数量人口红利对江苏经济增长的作用机理研究"(2019SJZDA058)的资助。

全书由淮阴师范学院张锦宗撰写,数据分析处理及图表制作由淮阴师范学院朱瑜馨完成。由于著者水平有限,不当之处在所难免,敬请读者批评指正!

著　者
2020年2月

目　录

1 山东省经济发展的地理基础分析

1.1 山东省地理条件概况

山东省境域包括半岛和内陆两部分，海陆位置格局是山东省经济格局的最基本基础。山东半岛突出于渤海、黄海之中，内陆部分自北而南与河北、河南、安徽、江苏4省接壤。山东省东西长721.03千米，南北长437.28千米，陆域面积15.79万平方千米。

山东省中部山地凸起，西南、西北低洼平坦，东部缓丘起伏，形成以山地丘陵为骨架、平原盆地交错环列其间的地形大势。境内平原面积占全省总面积的65.56%，主要分布在鲁西北地区和鲁西南局部地区；台地面积占4.46%，主要分布在东部地区；丘陵面积占15.39%，主要分布在东部、鲁西南局部地区；山地面积占14.59%，主要分布在鲁中地区和鲁西南局部地区；水面面积6 988.92平方千米，占4.49%；林地面积24 894.46平方千米，占15.98%；种植土地面积83 845.42平方千米，占53.82%；湖泊面积1 348.55平方千米，占0.87%。

山东省气候属暖温带季风气候类型，年平均气温11～14℃。全年无霜期由东北沿海向西南递增，鲁北和胶东一般为180天，鲁西南地区可达220天。山东省光照资源充足，热量条件可满足农作物一年两作的需要。年平均降水量一般在550～950毫米，由东南向西北递减。多年平均水资源总量从500多亿立方米逐渐减少至2016年的220亿立方米，人均水资源占有量220立方米，远远小于国际公认的1 000立方米的临界值。黄河水是山东主要可以利用的客水资源，一般来水年份山东可引用黄河水70亿立方米。长江水是南水北调东线工程建成后山东省可以利用的另一主要客水资源。

山东省近海海域占渤海和黄海总面积的37%，滩涂面积占全国的15%。

近海栖息和洄游的鱼虾类达260多种，主要经济鱼类有40多种，经济价值较高。有一定产量的虾蟹类近20种，浅海滩涂贝类达百种以上，经济价值较高的有20多种。山东省是全国四大海盐产地之一，丰富的地下卤水资源为山东盐业、盐化工业的发展提供了得天独厚的条件。此外，山东还有可供养殖的内陆水域面积26.7万公顷，淡水植物40多种，淡水鱼虾类70多种，其中主要经济鱼虾类20多种。

根据山东省统计局2016年土地利用统计，山东省土地总面积1 579.11万公顷，约占全国总面积的1.67%，居全国第19位。其中，农用地1 151.4万公顷，占土地总面积的72.92%；建设用地284.4万公顷，占18.01%；未利用地143.2万公顷，占9.07%。在农用地中，耕地760.7万公顷，占48.17%；园地71.76万公顷，占4.54%；牧草地0.58万公顷，占0.04%。在建设用地中，居民点和工矿用地239.6万公顷，占15.17%；交通运输用地21.6万公顷，占1.37%；水利设施用地23.2万公顷，占1.47%。山东省人均耕地不足0.08公顷。

截至2010年底，山东省已发现矿产150种，查明资源储量的有81种，其中石油、天然气、煤炭、地热等能源矿产7种；金、铁、铜、铝、锌等金属矿产25种；石墨、石膏、滑石、金刚石、蓝宝石等非金属矿产46种；地下水、矿泉水等水气矿产3种。查明的矿产资源储量较丰富，资源储量在全国占有重要地位。据2010年底全国保有资源总量统计，山东列全国第1位的矿产资源有金、铪、自然硫、石膏等11种；列全国第2位的有菱镁矿、金刚石等10种；列第3位的有石油、钴、锆等10种；列第4位的有耐火黏土、滑石、明矾石等5种；列第5位的有油页岩、铁矿等8种；列第6位的有重晶石、钾盐等6种；列第7位的有铝土矿、红柱石等8种；列第8位的有盐矿、长石等5种；列第9位的有方解石、石棉等5种；列第10位的有煤1种。

山东境内有各种植物3 100余种，其中野生经济植物645种；树木600多种，以北温带针、阔叶树种为主；各种果树90种，山东因此被称为"北方落叶果树的王国"；中药材800多种。山东是全国粮食作物和经济作物重点产区，素有"粮棉油之库，水果水产之乡"之称。小麦、玉米、地瓜、大豆、谷子、高粱、棉花、花生、烤烟、麻类产量都很大，在全国占有重要地位。陆栖野生脊椎动物500种，其中兽类73种，鸟类406种，爬行类28种，两栖类10种。陆栖无脊椎动物特别是昆虫，种类繁多，居全国同类物种之首。在山东境内，国家一、二类保护的珍稀动物有71种，其中国家一类保护动物有16种。

1.2 山东省17地市地理条件概况

海陆位置格局是山东省经济格局的最基本基础。由于海陆位置、地形地貌、降雨、气候等分布不均，17地市的经济地理条件有明显差异，从而影响山东经济格局。山东省境域包括半岛和内陆两部分，滨州、东营、潍坊、烟台、威海、青岛、日照7地市为沿海地市，其他10地市为内陆地市（彩图1-1）。

1.2.1 滨州市概况

滨州、东营、潍坊位于渤海湾。滨州市位于山东省北部、黄河三角洲腹地、渤海湾西南岸，地处黄河三角洲高效生态经济区、山东半岛蓝色经济区和环渤海经济圈、济南省会城市群经济圈"两区两圈"叠加地带，北通大海、东临东营市、南连淄博市、西南与济南市交界、西与德州市接壤、西北隔漳卫新河与河北省海兴县、黄骅市相望。滨州区位交通优势明显，具有依河傍海的优势，是连接苏、鲁、京、津的重要通道，滨州市是国家级交通运输主枢纽城市。辖四县二区一市，总面积9 453平方千米。滨州市已发现各类矿产30种（含亚矿种），是山东重要的海盐生产基地，石油、天然气储量大，是胜利油田主采油区。海岸线东西蜿蜒238.9千米，海岸属典型的泥沙质海岸，无天然良港，但海域内滩涂宽广，有滩涂面积9.37万公顷，负15米浅海面积20万公顷。

滨州历史文化悠久，是黄河文化和齐文化的发祥地之一，是渤海革命老区中心区、渤海区党委机关驻地，古代著名军事思想家孙武、汉孝子董永、魏晋时期数学家刘徽、清代帝师杜受田、历史学家马骕出生或成长在这里。滨州先后荣获国家卫生城市、全国双拥模范城市、全国科技进步先进市、中国特色魅力城市、中国水土保持生态环境示范市、中国优秀旅游城市、山东省适宜人居环境城市、山东省园林城市等称号。

1.2.2 东营市概况

东营市位于山东省北部黄河三角洲地区，黄河在东营市境流入渤海。东、北临渤海，西与滨州市毗邻，南与淄博市、潍坊市接壤。全市土地总面积8 243平方千米，人均占有土地6.43亩（1公顷=15亩，1亩≈667平方米，全书同），是山东省人均占有土地面积的2.6倍。其中，农用地面积564.18万亩，占东营市土地总面积的47.47%，未利用地面积为451.75万亩，占东营市土地总面积的38.01%。1855—1985年，黄河平均每年淤地造陆3万～4万亩。1985年后，因黄河来水量减少，造陆速度趋缓。境内主要有石油、天然气、卤水、煤、地热、黏土、贝壳等资源。至2010年底，累计探明石油地质储量50.42亿吨。沿海浅层卤水储量2亿多立方米，深层盐矿、卤水资源推算储量达1 000多亿吨。煤因埋藏较深，尚未开发利用。地热热水资源总量逾1.27×10^{10}立方米，热能储量超过3.83×10^{15}千焦，折合标准煤1.30×10^{8}吨。

乐安（今广饶）是闻名中外的"兵圣"（孙子）的故乡，汉代著名的经学家欧阳生、倪宽，元代护国上将军綦公直，明代著名学者李舜臣，明代以刚正著名的"铁面御史"成勇，清代名冠齐鲁的学者李焕章，清代闻名中外的古钱币学家李佐贤，追随孙中山的辛亥革命人士邓天一，革命烈士李耘生、李竹如，抗日名将李玉堂等。东营市风光奇秀，旅游资源丰富。南部景点有孙武园、南宋大殿、柏寝台、傅家遗址等。北部为黄河冲积的近代三角洲平原，有堪称旷世奇景的"黄龙入海"；有一望无际的大草原；有15万亩的槐林公园和风光旖旎的海滨小城；有镇海锁浪的围海长堤、油流滚滚的孤东油田和屹立海上的钻井平台；有望不尽的湿地景观和海滩景观。中部则是气魄雄伟的石油大工业现代化组团式城市。游览胜景——天鹅湖离中心城约有5千米，那里湖光天色，水鸟翔集。

1.2.3 潍坊市概况

潍坊市位于山东半岛中部，居半岛城市群中心位置，东与青岛、烟台两市连接，西邻淄博、东营两市，南连临沂、日照两市，北濒渤海莱州湾。全市土地总面积1.61万平方千米，其中农用地115.81万公顷（耕地79.54万公顷，基本农田69.46万公顷），占总面积的71.74%；未利用地14.73万公顷，占总面积的9.12%。潍坊市辖域发现的矿种有50余种，探明储量的有33种，矿产地264处，其中大型矿床11个，中型矿床26个，小型矿床45个，矿点144个。金属矿产主要有金、银、铜、铁、铅、锌等，以黄金的开采价值最大。其次是铁矿，青州市西部的淄河铁矿，储量大，品位高，埋藏浅。非金属矿产是一大资源优势，主要有膨润土、沸石、珍珠岩、卤水、蓝宝石、石油、煤、黄铁矿、重晶石、型砂、红柱石、石灰岩、花岗石等，在省内列居首位的就有12种。

潍坊自秦朝便成为京东古道的重要枢纽，明清以"二百只红炉，三千铜铁匠，九千绣花机，十万织布机"闻名遐迩，是历史上著名的手工业城市，清乾隆年间便有"南苏州、北潍县"之称。潍坊也是中国风筝文化的发祥地，是国际风筝联合会组织总部所在地，也是"国际风筝会"的固定举办地点，是我国历史上最大的风筝、木版年画的产地和染散地，被称为"世界风筝都"。潍坊市A级旅游景区有65家，其中沂山风景区在2013年12月25日正式晋升为国家5A级景区。另外，国家4A级旅游景区有17家，列山东省第2位。

1.2.4 烟台市概况

烟台市地处山东半岛东部，濒临黄海、渤海，与辽东半岛及日本、韩国、朝鲜隔海相望。烟台山海相拥，风光旖旎，四季分明，景色秀美，烟台成为享誉海内外的旅游度假胜地。烟台地形为低山丘陵区，山地占总面积的36.6%，丘陵占39.7%，平原占20.8%，洼地占2.9%。境内河流众多，5千米以上河流121条。烟台海岸线、岛岸线909千米，有500平方米以上近岸岛屿72个，面积较大的有芝罘岛、南长山岛和养马岛，有居民的岛屿15个。烟台海洋渔业资源丰富，盛产海参、对虾、鲍鱼、扇贝等多种海珍品，近海渔业生物品种有200多个，有捕捞价值的有100余种，是全国重要的渔业基地。烟台是中国北方著名的水果产地，烟台葡萄酒、烟台苹果、烟台大樱桃、烟台海参、莱阳梨、莱州梭子蟹等土特产品久负盛名。地下矿藏十分丰富，已发现矿产70多种，探明储量的有40多种，黄金储量和产量均居全国首位，菱镁矿、钼、滑石储量均居全国前5位。沿海大陆架储有丰富的石油和天然气资源，属"富集型"油区。

烟台历史名人辈出，有徐福、太史慈、徐岳、丘处机、毛纪、戚继光、王懿荣、张弼士、吴佩孚、亨利鲁斯等，当代名人遍布军事界、商企界、体育界、文艺界、科学界，名人不胜枚举，仅中国科学院院士就有29人。烟台旅游资源丰富，优美的自然风光和人文景观每年吸引了大批中外游客前来观光旅游。有三星级以上酒店89家，其中五星级12家，四星级23家，三星级54家。1998年烟台成为首批54座"中国优秀旅游城市"之一。

1.2.5 威海市概况

威海市位于山东半岛东端，北、东、南三面濒临黄海，北与辽东半岛相对，东与朝鲜半岛隔海相望，西与烟台市接壤。全市总面积5 797.74平方千米，海岸线长985.9千米。威海市属于起伏缓和、谷宽坡缓的波状丘陵区。海岸类型属于港湾海岸，海岸线曲折，岬湾交错，多港湾、岛屿。属于北温带季风型大陆性气候，四季变化和季风进退都较明显。农用地44.20万公顷，占总面积的76.23%；未利用土地4.79万公顷，占8.26%。其中，耕地面积占总面积的33.56%；园地占总面积的6.11%；林地占总面积的18.65%；草地占总面积的2.73%；水域及水利设施用地占总面积的10.33%；其他土地占总面积的10.50%。全市多年平均水资源量16.86亿立方米。至2017年底，全市共发现矿产（含亚矿种，下同）49种，查明矿产中包括能源矿产1种，金属矿产8种，非金属矿产9种，稀有稀土分散元素矿产3种，水气矿产2种。其中，铁、铜、铅、金、锆及硫铁矿、化肥用蛇纹岩、石墨、玻璃用砂、高岭土等矿产列入《山东省矿产资源储量表》。威海市具有丰富的海洋生物资源，鱼类有100余种。植物资源中，主要有褐藻纲的海带、裙带菜，红藻纲的石花菜、条斑紫菜，以及海草类的大叶藻等。

威海别名威海卫，意为威震海疆。威海是中国大陆距离日本、韩国最近的城市，是中国近代第一支海军——北洋海军的发源地，是甲午战争后被列强侵占并回归祖国的"七子"之一。威海是"三海一门"之一。1984年威海成为中国第一批沿海开放城市，1990年被评为中国第一个国家卫生城市，1996年被建设部命名为国家园林城市，2009年5月7日被评选为国家森林城市，2015年成为中韩自贸区先行示范城市。

1.2.6 青岛市概况

青岛市地处山东半岛南部，东、南濒临黄海，东北与烟台市毗邻，西与潍坊市相连，西南与日照市接壤。全市总面积为11 293平方千米。全市共有大小河流224条，均为季风区雨源型，多为独立入海的山溪性小河。青岛海区港湾众多，岸线曲折，滩涂广阔，水质肥沃，胶州湾、崂山湾及丁字湾口水域有机物含量较高，是发展贝类、藻类养殖的优良海区。青岛地区植物种类丰富繁茂，是同纬度地区植物种类最多、组成植被建群种最多的地区。青岛气候温暖潮湿，植被生长良好，适宜动物栖息繁衍，但大型野生兽类较少。青岛地区鸟类资源丰富，占山东省鸟类406种的87.4%，其中属国家一级保护珍禽11种、二级保护鸟55种。青岛地区矿藏多为非金属矿。截至2007年底，已发现各类矿产（含亚矿种）66种。其中，有探明储量（资源量）的矿产50种，已探明或查明各类矿产地730处。优势矿产资源有石墨、饰材花岗岩、饰材大理石、矿泉水、透辉岩、金、滑石、沸石岩。潜在优势矿产资源有重晶石、白云岩、膨润土、钾长石、石英岩、珍珠石、萤石、地热。青岛市石墨和石材矿保有资源储量居山东省首位，滑石、透辉石矿居全省第2位，沸石、矿泉水等储量也居前列。除铀、钍、地热、天然卤水、建筑用砂、砖瓦用黏土外，矿产资源保有储量潜在总值达270亿元。青岛风能资源丰富，光能资源也较好。

青岛是国家历史文化名城、重点历史风貌保护城市、首批中国优秀旅游城市。国家重点文物保护单位34处。国家级风景名胜区有崂山风景名胜区、青岛海滨风景区。山东省近300处优秀历史建筑中，青岛占131处。青岛历史风貌保护区内有重点名人故居85处，已列入保护目录26处。即墨马山石林为国家级自然保护区。

1.2.7 日照市概况

日照市位于山东省东南部黄海之滨，东临黄海，西接临沂市，南与江苏省连云港市毗邻，北与青岛市、潍坊市接壤，总面积5 358.57平方千米。日照市属鲁东丘陵，总的地势背山面海，中部高四周低，略向东南倾斜，山地、丘陵、平原相间分布。山地占总面积的17.5%，丘陵占57.2%，平原占25.3%。农用地355 481.16公顷，占66.34%；未利用地57 267.40公顷，占10.69%。全市河流分属沭河水系、潍河水系和东南沿海水系，无天然湖泊，共有水库594座，总库容13亿立方米。日照市有较为丰富的非金属、地下水、矿泉水等矿产资源。全市已发现56种矿产，分别为铁、锰、铜、铅、锌、金、银、稀土、锆英石、白云岩、石灰岩、蓝晶石、红柱石、铸型用砂、煤、硫铁矿、磷、盐、金红石、石墨、硅化木、金刚石、矿泉水、地下水等。日照市野生动物资源丰富，共有野生动物207种，属于国家重点保护的有24种，其中国家一级保护鸟类4种（丹顶鹤、大鸨、金雕、白鹳），国家二级保护鸟类20种。

日照旅游资源丰富，日照海、山、古、林兼备。境内百千米的海岸线上有64千米的粗糙沙滩，被专家誉为"中国沿海未被污染的黄金海岸"；有奥林匹克水上运动公园、五莲山风景区、莒县浮来山风景区等一批国内外知名的旅游景点；有世界上最大的汉字摩崖石刻——河山"日照"巨书，天下银杏第一树——浮来山银杏树；江北最大的绿茶基地、最大的毛竹生长带、最大的野生杜鹃花生长带也在日照。日照是龙山文化的重要发祥地，境内已发现两城遗址、尧王城遗址、陵阳河遗址、丹土遗址、东海峪遗址等；陵阳河遗址出土的原始陶文较甲骨文早1 000多年，堪称我国文字始祖。莒文化与齐文化、鲁文化并称山东三大文化。齐长城遗址、莒国故城、日照港等也都是游客的必游之地。日照涌现出一批旅游景点创造或打破了山东纪录协会多项纪录，创造了多项山东之最。

1.2.8　德州市概况

德州市位于山东省西北部，黄河下游北侧，北以漳卫新河为界，与河北省沧州市为邻，西以卫运河为界，与河北省衡水市毗连，西南与聊城市接壤，南隔黄河与济南市相望，东临滨州市。全市总面积10 356平方千米，占山东省总面积的7.55%。德州地处京沪、石济高速客运专线与德石铁路交会点，京沪高速铁路、石济高速客运专线铁路、京沪高速公路、青银高速公路、德石高速公路和京杭运河穿越辖区，德龙烟铁路正在建设中，区位交通优势突出。2006年，德州被确定为全国交通运输主枢纽城市。德州市地貌大体可分3类：一是高地类，由河流、河床沉积而成，占土地总面积的34.3%；二是坡地类，由黄泛漫流沉积而成，占总土地面积的52.1%；三是洼地类，占13.6%。德州市基本气候特点是季风影响显著，四季分明、冷热干湿界限明显，具有显著的大陆性气候特征。光照资源丰富。德州市平均无霜期长达208天。德州市年平均降水量为547.5毫米，东部多于西部，南部多于北部。已探明石油储量1.58亿吨、天然气10亿立方米、煤炭60亿吨。

德州历史悠久，是大汶口文化和龙山文化的发祥地之一。明清时期是全国33个工商业大城市之一，有着深厚的历史文化底蕴。现存禹王亭、秦汉墓群、东方朔画赞碑、苏禄国东王墓、四女寺、文昌阁、定慧寺、董子读书台等众多历史古迹。大禹、后羿、董仲舒、东方朔、颜真卿、邢侗等都在德州留下了熠熠生辉的印迹。著名的旅游景点有夏津黄河故道森林公园、泉城欧乐堡梦幻世界、德州董子园景区、庆云海岛金山寺、齐河泉城海洋极地世界，中国太阳谷等。截至2017年底，德州A级景区总数达68家，其中4A级旅游景区达到8家；新增国家级和省级工农业旅游示范点33处，省级旅游强乡镇发展到26个、旅游特色村达到39个，德州还荣获了"最美中国·文化旅游目的地"称号。

1.2.9 济南市概况

济南位于山东省的中部，南依泰山，北跨黄河，地处鲁中南低山丘陵与鲁西北冲积平原的交接带，地势南高北低。地形可分为三带：北部临黄带、中部山前平原带、南部丘陵山区带。济南是中国东部沿海经济大省——山东省的省会，全省政治、经济、文化、科技、教育和金融中心，是重要的交通枢纽。四周与德州、滨州、淄博、泰安、聊城等市相邻。总面积7 998平方千米，市区面积3 303平方千米。地势南高北低，依次为低山丘陵、山前倾斜平原和黄河冲积平原。济南属于暖温带大陆性季风气候区，四季分明，日照充分，年平均气温13.6℃，1月最冷，平均气温-1.9℃；7月气温最高，平均气温27.0℃。年平均降水量614.0毫米。济南市河流分属黄河、小清河、海河三大水系。湖泊有大明湖、白云湖等。山区北麓有众多泉群出露，仅市区就有趵突泉、黑虎泉、五龙潭、珍珠泉四大泉群。全市土地资源总面积7 998平方千米。矿产资源主要有煤、石油、天然气、铁、地热和建筑材料等。当地水资源15.9亿立方米，可利用量14.7亿立方米。

济南素以泉水众多、风景秀丽而闻名天下，因此也被称为"泉都"。"四面荷花三面柳，一城山色半城湖"。济南的市树是柳树，市花是荷花。济南的泉水不仅数量多，而且形态各异，精彩纷呈。盛水时节，在泉涌密集区，呈现出"家家泉水，户户垂柳""清泉石上流"的绮丽风光。早在宋代，文学家曾巩评价道："齐多甘泉，冠于天下。"元代地理学家于钦亦称赞说："济南山水甲齐鲁，泉甲天下。"泉水是济南市的血脉，赋予这座城市灵秀的气质和旺盛的生命力，形成了独特的泉水文化。济南作为泉城，旅游资源丰富，是国家历史文化名城、中国优秀旅游城市、山东旅游"一山一水一圣人"中的重要组成部分。

1.2.10 淄博市概况

淄博市地处鲁中山区与华北平原的接合部，南依沂蒙山区与临沂接壤，北临华北平原与东营、滨州相接，东接潍坊，西与省会济南接壤，西南与泰安、莱芜相邻。淄博地理位置在山东中部，南依泰沂山麓，北濒九曲黄河，交通发达，是沟通中原地区和山东半岛的咽喉要道，为山东省重要的交通枢纽城市，是具有地方立法权的"较大的市"，总面积5 965平方千米，常住人口468.7万人。淄博市土地利用率89.96%。农业用地4 202平方千米，占全市土地总面积的70.44%；非农业用地1 164平方千米，未利用土地599平方千米。耕地面积2 117平方千米，林地面积1 048平方千米，果园面积588平方千米。淄博市矿产资源丰富，已发现矿产50种（含亚矿种），已探明储量的28种（含亚矿种）。探明矿床（区）157处，其中大型矿床14处，中型矿床50处，小型矿床93处。保有资源储量占全省同类矿产资源储量10%以上的矿种达11种，铁矿、铝土矿（伴生钴、镓）及石灰岩、耐火黏土等矿产在全省具有明显优势，其中镓矿（伴生）、陶粒用黏土和二氧化碳气等矿产的保有资源储量集中分布在淄博。淄博市有丰富的石油和天然气资源，高青油田储量1 469万吨，金家油田储量3 171万吨。另外，还有高青县的花沟气田等。

　　距今七千年至四千年，生活在淄博地区的远古先民在劳动、生息、繁衍中创造了北辛文化、大汶口文化、龙山文化，谱写了新石器文化的篇章。淄博是齐文化发祥地，国家历史文化名城。齐文化是中华文明的重要渊源之一。因齐国最早兴起蹴鞠运动，被国际足联认定为世界足球起源地。中国历史上第一本手工业专著《考工记》、第一本农业专著《齐民要术》以及最早阐述服务业的专著《管子》都是在这片土地上写成的。淄博是中国优秀旅游城市，著名景点有东周殉马坑、田齐王陵、"二王冢""四王冢"和古排水道口、孔子闻韶处，蒲松龄的故居，鲁山、原山和峨庄古村落3个国家级森林公园，开元溶洞、樵岭前溶洞、沂源溶洞等绵延数十里的溶洞群，"沂源猿人"遗址和齐长城遗址，百年商埠重镇周村有保存完好的古商业街——周村大街，马踏湖、大芦湖具有"北国江南"韵味，8 000年"淄博陶瓷·当代国窑"陶瓷馆，荣宝斋淄博分店等。截至2014年，淄博有国家A级以上景区50家，其中4A级景区13个，3A级景区21个，2A级景区16个。

1.2.11　莱芜市概况

　　莱芜市（现划归为济南市）位于泰山东麓，北邻济南市所辖的章丘区，东临淄博市博山区和沂源县，南临泰安市所辖的新泰市，西邻泰安市岱岳区，位于山东省的地理几何中心，总面积2 246.21平方千米。山地约占莱芜区总面积的67%，丘陵占19%，平原占11%，洼地占3%。境内有大小山头2 989个，其中海拔600米以上的有41个、海拔200～600米的有227个。已发现矿产55种，其中探明储量的22种，矿产地113处，主要有铁、煤、铜、金、花岗岩、石灰岩、白云岩、稀土、辉绿岩、玄武岩、建筑石材、天然石英砂、矿泉水等矿种。煤炭已探明储量43 113.6万吨，是山东省重要的煤炭基地。铁矿石已探明储量46 393.19万吨，列华东地区之首。

莱芜历代以来都是兵家必争之地，钢城区以钢铁为主导，莱芜区形成以新医药、新能源、新材料、高端装备制造为主导，以电子商务、现代物流、文化旅游为重点的产业发展新格局。境内莱芜工业区立足于"依托济南、服务济南、接轨济南"的总体定位，着眼于打造承接济南先进制造业转移的主阵地、接轨济南的桥头堡和实现济莱一体化的大平台，按照"产城一体、融合发展"的路子，举全区之力加快建设，着力打造"一城三园一基地"。莱芜不仅历史悠久，自然人文旅游资源也十分丰富。境内有九龙大峡谷、房干生态旅游区、"汶水西流""宫山夕照""苍峡雷鸣""仙人遗迹""矿山呈瑞""龙潭星现""二洞云连"长勺之战遗址、莱芜战役指挥所等人文景观。

1.2.12 泰安市概况

泰安位于山东省中部的泰山南麓，东邻莱芜市、淄博市、临沂市，南连济宁市，西隔黄河与聊城市、河南省濮阳市相望，北以泰山与济南市为界。泰安市土地总面积7 762平方千米，其中可利用土地面积6 720平方千米，占总面积的86.6%。泰安境内山地、丘陵、平原、洼地、湖泊兼而有之。山地面积占全市土地总面积的18.3%。丘陵面积占全市土地总面积的41.1%，河谷平原和山前冲、洪积冲平原，面积占全市土地面积的36.1%。洼地面积占全市总面积的4.5%。湖泊集中在东平县境内。全市水能资源比较丰富，现有水库和塘坝面积12万亩；境内的东平湖为山东省第二大淡水湖，全市现有宜渔水面40余万亩。全市具有丰富的地热水资源，适用于热带养殖及越冬保种。在湖滨、滩区、煤矿塌陷地有近20万亩的涝洼地、荒废河滩、煤矿塌陷地、废窑坑可供开发利用。泰安石膏矿储量居亚洲之冠，泰山花岗石因赋有"稳如泰山""重于泰山"之意，北京的人民大会堂、天安门广场、人民英雄纪念碑等中国著名建筑均采用泰山花岗石。

泰安是华夏民族文明的发祥地,早在50万年前就有人类生存、繁衍,5万年前的新泰人已跨入智人阶段;5 000多年前这里孕育了灿烂的大汶口文化,自尧舜至秦汉,直至明清,延绵几千年。泰山成为历代帝王封禅祭天的神山。泰安从古语"泰山安则四海皆安"中来,寓意"国泰民安"。泰安的主要旅游景区有泰山、徂徕山、莲花山、东平湖、世界地质公园。泰山山体高大,形象雄伟。南坡山势陡峻,主峰突兀,山峦叠起,气势非凡,蕴藏着奇、险、秀、幽、奥、旷等自然景观特点。从泰城西南祭地的社首山、蒿里山至告天的玉皇顶,形成"地府""人间""天堂"三重空间。徂徕山,又称龙徕山、驮来山,是泰山的姊妹山,位于泰山东南20千米,大小峰峦97座,游览景点100余处。莲花山因汉武帝访仙到此,在山顶建"迎仙宫",故又称宫山,素有"三十六山头,七十二深谷"之称,因群山拱围莲花,尖状如莲花,所以叫莲花山。东平湖位于泰安市东平县境内,常年水面124.3平方千米,古时称蓼儿洼、大野泽、巨野泽、梁山泊、安山湖,到清朝咸丰年间才定名为东平湖,是《水浒传》中八百里水泊唯一遗存的水域,是山东省推出的水浒旅游线路中的重要景区。在泰山地质公园探测到了带有37.2亿年地球年龄信息的捕获晶,标志着在泰山地区下存在着很古老的岩石。

1.2.13 聊城市概况

聊城市位于山东省西部,西部靠漳卫河与河北省邯郸市、邢台市隔水相望,南部和东南部隔金堤河、黄河与河南省及山东省的济宁市、泰安市、济南市为邻,北部和东北部与德州市接壤。全市总面积8 628平方千米,2017年耕地占比65.25%,园地占比1.13%,林地占比6.15%,草地占比0.14%,居住及工矿用地占比16.62%,交通用地占比4.01%,水域及水利设施用地占比5.64%,其他用地占比1.07%。聊城矿产资源贫乏,地热资源丰富,60%以上的地下有地热能,是自然资源部命名的中国温泉之城。

聊城历史厚重,至今已有5 000余年的历史,是国家历史文化名城,代表农耕文明的黄河文化与代表商业文明的运河文化在这里交相辉映。聊城名胜古迹众多,有6处遗产点和2段河道被列入大运河世界文化遗产名单,有明代光岳楼、清代山陕会馆等国家级文物保护单位13处。《水浒传》《金瓶梅》《聊斋志异》等书中的许多故事都发生在聊城。聊城名人贤达辈出,有商朝名相伊尹，战国时期齐国军事家孙膑，三国时期著名文学家曹植，宋代医学家成无己，明代文学家谢榛，清代开国状元傅以渐，国画大师李苦禅，抗日名将张自忠，国学泰斗傅斯年、季羡林，当代保尔张海迪等。京杭大运河兴盛的漕运曾为聊城带来400年的经济繁荣、文化昌盛。明清时期，被誉为"漕挽之咽喉，天都之肘腋，江北一都会"。临清钞关居全国八大钞关之首，鼎盛时期的税额占钞关总税额的1/4。聊城成功打响了"江北水城•运河古都"的城市名片，森林覆盖率达到40%以上，是山东首个平原地区国家森林城市，这里景色秀丽、水清林绿，尽享生态福祉。

1.2.14 菏泽市概况

菏泽市是中国牡丹之都，隶属于山东省，古称曹州。菏泽位于山东省西南部，地处山东、江苏、河南、安徽4省交界地带，东与济宁市相邻，东南与江苏省徐州市、安徽省宿州市接壤，南与河南省商丘市相连，西与河南省开封市、新乡市毗邻，北接河南省濮阳市，总面积12 238.62平方千米。菏泽原系天然古泽，济水所汇，菏水所出，连通古济水、泗水两大水系，唐更名龙池，清称夏月湖。清朝雍正十三年（1735年）升曹州为府，附郭设县，因南有"菏山"，北有"雷泽"，赐名菏泽。黄河自河南省兰考县入境，流经辖区内的东明、牡丹区、鄄城、郓城4县（区），境内全长157千米。南境沿曹县、单县边界有黄河故道，菏泽市地处古今黄河之间的三角地带内。菏泽市河流总流域面积13 000平方千米，除黄河滩地及东平湖老湖区共632平方千米外，其余坡水全由南四湖承泄后转注淮河，故区内基本上属淮河流域。境内主要河道有东鱼河、洙赵新河、万福河、梁济运河、太行堤河、黄河故道6条。菏泽矿产资源种类较多，已探明境内石油储量为5 265万吨，天然气可开发储量3 000亿立方米，占山东省石油、天然气资源潜在总量的12.49%。煤炭地质储量55.71亿吨。水资源可利用总量39.37亿立方米，人均占有量474立方米，亩均水资源可利用量381立方米，略高于山东省平均水平。

菏泽历史悠久，是中华民族的发祥地之一。据史书记载，早在四千年以前的新石器时代，我们的祖先就在这里繁衍生息，渔猎耕种，创造着古代人类文明。菏泽历史上堌堆遗址近500处，至今保存完好的达100多处。堌堆数量之多、分布之广、布点之密，在全国独一无二，在全世界也是罕见的。

菏泽有国家4A景区曹州牡丹园、孙膑旅游城、水浒好汉城、浮龙湖旅游度假区4处，国家3A景区4处，2A景区3处。

1.2.15 济宁市概况

济宁位于鲁西南腹地，地处黄淮海平原与鲁中南山地交接地带。东邻临沂，西接菏泽，南面是枣庄和江苏徐州，北面与泰安交界，西北角隔黄河与聊城相望。济宁市境内有孔孟文化、运河文化、水浒文化的发源地。济宁因济水而得名，与济源、济南、济阳共同创造了辉煌的济水文化。济宁属暖温带季风气候。地域面积为11 187平方千米。其中，耕地占总面积的54.6%；园地占总面积的0.9%；林地占总面积的5.6%；草地占总面积的0.7%；其他土地占总面积的38.2%。济宁属鲁南泰沂低山丘陵与鲁西南黄淮海平原交接地带，地质构造上属华北地区鲁西南断块凹陷区。全市地形以平原洼地为主，地势东高西低，地貌较为复杂。东部山峦绵亘，丘陵起伏。济宁的水资源得天独厚，河道密布全境，有京杭大运河、洸府河、泗河、赵王河、洙水河、蔡河等。南部的南阳、昭阳、独山、微山四个水域相连的淡水湖泊，统称南四湖，总面积1 178平方千米，是全国十大淡水湖之一。湖区盛产鱼鸭、水貂、藕、莲子、芡实、菱米、芦苇等。除梁山县小部分区域属于黄河流域，绝大多数面积区域属于淮河流域。济宁矿产资源丰富，已发现和探明储量的矿产有70多种。经勘探预测，全市煤储量260亿吨，占全省的50%，曾为全国重点开发的八大煤炭基地之一。主要含煤地层都在10层以上，储量大、煤质优、易于开采。稀土矿已探明大小矿脉60余条，地质储量1 275万吨，在国内仅次于内蒙古的白云鄂博矿。铁矿、铜矿、铅矿储量小，品位低，有的埋藏较深，开采不易，因此仅具有远景意义。

济宁市共有世界文化遗产2处，国家级重点文物保护单位19处，省级95处，市级167处，拥有国家历史文化名城2座，中国优秀旅游城市3座，山东省风景名胜区4处，4A级以上景区7处，其中明故城（三孔）旅游区是中国第一批5A级景区；国家级、省级工农业旅游示范点11处。尼山文化旅游度假区位于曲阜市、邹城市和泗水县交界处，尼山是先师孔子的诞生地。尼山拥有多处反映孔子生平的遗迹，其中近千年历史的尼山孔庙和书院是国家级重点文物保护单位。济宁是发现和保存汉代碑刻最多的地区之一，已知的汉碑刻石藏量多达40种，其中汉碑21种，刻石19种，主要收藏于济宁汉碑和任城王墓、曲阜孔庙、邹城孟庙、嘉祥武氏祠以及梁山杏花村附近的碑文等。

1.2.16　枣庄市概况

枣庄市位于山东省南部，东与临沂市平邑县、费县、兰陵县接壤，南与江苏省徐州市的铜山区、贾汪区、邳州市为邻，西濒微山湖，北与济宁市的邹城市毗连。总面积4 563平方千米，占全省总面积的2.97%。枣庄市地处鲁中南低山丘陵南部地区，属于黄淮冲积平原的一部分。境内地形地貌比较复杂，形成低山、丘陵、山前平原、河漫滩、沿湖洼地等多类型地貌特征。丘陵约占总面积的54.6%，平原约占总面积的26.6%，洼地约占总面积的18.8%。土壤总面积521.39万亩，占全市总面积的79.59%。枣庄市境内河流属淮河流域运河水系，京杭运河枣庄段为大型河流，境内全长39千米。枣庄市兼有南方温湿气候和北方干冷气候的特点，光、热、水、气等条件优越。平均降水量787毫米。枣庄市境内煤炭保有量17.2亿吨，铁矿石保有量4 178万吨，铜矿石保有量98万吨，铝土石保有量164万吨，石膏保有量44 258万吨，水泥用灰岩保有量22.5亿吨，磷保有量9 008万吨。

枣庄历史悠久，四五十万年前就有人类活动。7 300年前新石器时期的"北辛文化"是迄今为止黄淮地区考古发现最古老的文化，也是东夷文化的源头。先秦时期，枣庄境内分布着薛国、滕国、邾国、倪国、小邾国、缯国、偪阳国7座古城邦。枣庄的历史和运河紧密相连。据考古发现，境内最早的运河——偪阳运河，开凿于春秋时期，距今约2 700年。光绪二十五年（公元1899年），兖沂曹济兵备道张莲芬经清政府批准来枣庄创办"商办山东峄县中兴煤矿股份有限公司"，为中国第一家民族资本的股份制企业，并发行了中国第一张股票。中兴公司对中国历史产生着深远影响，它是中国第一条铁路京浦线最大的股东；修建了陇海线；参与建造了青岛港、连云港、汉口港、江阴港和上海港；复旦大学和山东大学第一任校董会校长由中兴公司派遣。枣庄也因此成为近代民族工业文明的发源地，为中华人民共和国的老工业基地。

枣庄是具有光荣革命传统的英雄城市。1938年，在第五战区司令长官李宗仁领导下，与侵华日军展开台儿庄会战，中国军队赢得了自抗战以来一次空前胜利。1940年，在中国共产党的领导下，在枣庄成立的铁道游击队以游击战术击败日本侵略者。枣庄历代名人辈出，孕育了人类造车鼻祖奚仲，主张"兼爱、非攻"的科圣墨子，"好客养士"的孟尝君，足智多谋、能言善辩、勇于自荐的毛遂，"凿壁偷光"的西汉名相匡衡，《金瓶梅》的作者贾三近。这里还是当代著名诗人、文学艺术大师贺敬之、著名书法家王学仲的故乡。

1.2.17 临沂市概况

临沂市位于山东省东南部，地近黄海，东连日照，西接枣庄、济宁、泰安，北靠淄博、潍坊，南邻江苏。总面积17 191.2平方千米，是山东省面积最大的市。临沂地处鲁中南低山丘陵区东南部和鲁东丘陵南部。地势西北高东南低，自北而南，有沂山、蒙山、尼山3条主要山脉呈西北东南向延伸。山地、丘陵、平原面积比例为2∶4∶4。山地是发展林果业、畜牧业的主要基地。丘陵适宜发展防护林和经济林，是花生、地瓜、玉米、黄烟等作物的主要产地。临郯苍平原是粮食和蔬菜主要产区，素有"粮仓"之誉。山间沟谷平原多种小麦、玉米等作物。涝洼地平原多种小麦、水稻、蔬菜等作物。境内海拔千米以上的山峰有10余座。境内有不少由流水侵蚀造成的桌状山，当地称为"崮"，素称沂蒙七十二崮，著名的孟良崮就是其中之一。气候属温带季风区大陆性气候，气温适宜，四季分明，光照充足，雨量充沛，雨热同季，无霜期长。全市农作物播种面积108.6万公顷。境内水系发育呈脉状分布。有沂河、沭河、中运河、滨海四大水系，区域划分属淮河流域。10千米以上河流300余条，水资源总量59.6亿立方米。其中，现有水利工程平水年可供水量31.8亿立方米。白云岩储量居全国第1位，金刚石、石膏、石英砂岩储量居全国第2位。共发现地热异常区49处，预计远景地热资源总量相当于1.84亿吨标准煤的产热量。

有季文子、曾子、荀子、蒙恬、诸葛亮、司马睿、王导、王羲之、颜真卿、萧道成等历史名人。名门望族有琅琊诸葛氏、琅琊王氏、兰陵萧氏。临沂素以山水沂蒙著称，泰沂山脉和蒙山为骨架构成沂蒙山区为世界地质公园。临沂的旅游特色是以蒙山为代表的自然风光游，以汉晋文化为代表的人文历史游，以革命根据地为代表的红色游，以汤头温泉为代表的古典风格的汤泉游，以水城商都为代表的都市游。沂蒙山旅游区有5A级景区世界地质公园1处，有4A级景区24处，3A级景区3处。

1.3　山东省17地市农业生产条件分析

山东省气候条件、土地资源、地形地貌特点适合农业生产。同时由于区位差异、资源禀赋的区域差异，17地市在发展条件方面有较大的不同。表1-1是17地市在土地、耕地、淡水、湿地资源方面的情况对比。

表1-1　山东省17地市农业生产经济地理基础对比

地区	人口	GDP (亿元)	土地(万公顷)	农用地 (万公顷)	人均耕地(亩)	旱地比例(%)	人均淡水	湿地比例(%)	人均湿地(亩)
山东省	9 946.6	67 008	1 579.1	1 152.9	1.15	31.06	221.5	11.09	0.26
济南市	723.3	6 536	80.0	54.0	0.74	24.41	234.6	2.68	0.05
青岛市	920.4	10 011	112.9	80.2	0.85	52.82	70.8	12.84	0.23
淄博市	468.7	4 412	59.6	41.7	0.67	33.73	225.9	2.28	0.04
枣庄市	391.6	2 143	45.6	33.0	0.91	46.04	230.6	3.47	0.06
东营市	213.2	3 480	82.4	42.6	1.59	23.34	210.6	57.65	3.21
烟台市	706.4	6 926	138.5	106.0	0.95	67.92	94.4	13.04	0.38
潍坊市	935.7	5 523	161.4	115.8	1.28	39.51	149.4	13.62	0.35
济宁市	835.4	4 302	111.9	77.2	1.09	17.14	252.1	13.48	0.27
泰安市	563.7	3 317	77.6	58.4	0.97	38.77	266.1	6.53	0.13
威海市	281.9	3 212	58.0	44.3	1.04	86.31	174.2	21.08	0.61
日照市	290.1	1 802	53.6	42.3	1.24	75.51	289.6	7.38	0.20
莱芜市	137.6	703	22.5	14.6	0.79	51.15	433.1	2.55	0.06

（续表）

地区	人口	GDP（亿元）	土地（万公顷）	农用地（万公顷）	人均耕地（亩）	旱地比例（%）	人均淡水	湿地比例（%）	人均湿地（亩）
临沂市	1 044.3	4 027	171.9	131.9	1.21	57.67	352.6	3.36	0.08
德州市	579.2	2 933	103.6	81.5	1.67	0.00	222.9	2.51	0.07
聊城市	603.7	2 859	86.3	69.5	1.40	0.07	204.6	1.76	0.04
滨州市	389.1	2 470	91.7	63.5	1.79	6.69	325.6	18.65	0.68
菏泽市	862.3	2 560	121.6	96.3	1.44	0.72	254.8	4.57	0.10

资料来源：《山东统计年鉴2017》。

2016年，山东省人均耕地1.15亩，滨州市、德州市、东营市、菏泽市、聊城市、潍坊市、日照市、临沂市8地市的人均耕地高于全省均值，其余9地市的人均耕地低于全省平均值，泰安市、烟台市、枣庄市、青岛市、莱芜市、济南市、淄博市人均耕地不足1亩。从耕地的生产条件看，17地市农用地的旱地比例有很大的区别。具体的表现是沿海的威海市的旱地比例高达86.31%，日照、烟台、青岛旱地的比例高于50%；内陆地区的莱芜、临沂、枣庄旱地的比例也比较高；德州、聊城、滨州、菏泽的旱地比例非常低，非常有利于农业生产；济宁、东营、济南的旱地比例也比较低。

从人均淡水资源看，莱芜市、临沂市、滨州市、日照市是山东省淡水资源相对充足的地市，泰安市、菏泽市、济宁市是相对比较充足的地市，济南市、枣庄市、淄博市、德州市、东营市、聊城市接近全省平均水平，威海市明显低于省平均水平，潍坊市属于明显短缺的地市，烟台市、青岛市是淡水资源严重短缺的地市。

湿地资源主要分布在沿海地市，内陆的济宁、泰安两地市湿地比例也较高。东营市的湿地比例占全省的57.65%，人均湿地3.21亩；威海市的人均湿地也高达0.61亩，沿海地区人均湿地面积最低的日照市为0.2亩。内陆地区人均湿地面积最高的济宁市为0.27亩。其他8个内陆地市人均湿地面积都在0.1亩之下。

山东省各地市的耕地生产力也存在明显的差异，考察2016年各地市粮食的单产能力，德州市为全省最高，平均每公顷产量为7 501.8千克；烟台市为全省最低，平均每公顷产量5 903.7千克。如果考虑各地市耕地的产出水平，则各地市的相对人均耕地量有较大的变化。尽管山东省人均耕地仅有1.15亩，相对于国家平均水平1.46亩，山东人均耕地仅相当于国家平均值的78.77%。实际上，笔者曾就我国31个省（市、区）可比耕地量进行过计算，考虑山东省与国家耕地平均单产差异及土地的复种指数差异，通过可比土地生产力的对比换算，山东省的土地生产能力是国家的1.25倍。因此，2016年山东人均耕地1.15亩就相当于国家1.44亩，与国家平均值1.46亩非常接近。山东省17地市人均耕地绝对量与相对量见表1-2。

表1-2 2016年山东省17地市人均耕地对比

地区	人均耕地（亩）	单产（千克）	相当于省	相当于国	绝对排名	相对排名	
山东省	1.15	6 258.1	1.15	1.44			
滨州市	1.79	6 719.3	1.92	2.40	1	2	-1
德州市	1.67	7 501.8	2.00	2.50	2	1	1
东营市	1.59	6 027.9	1.53	1.91	3	3	0
菏泽市	1.44	6 297.5	1.45	1.81	4	5	-1
聊城市	1.4	6 727.2	1.50	1.88	5	4	1
潍坊市	1.28	6 218.7	1.27	1.59	6	6	0
日照市	1.24	6 026.9	1.19	1.49	7	9	-2
临沂市	1.21	6 308.0	1.22	1.52	8	7	1
济宁市	1.09	6 972.2	1.21	1.52	9	8	1
威海市	1.04	5 590.7	0.93	1.16	10	12	-2
泰安市	0.97	7 204.0	1.12	1.40	11	10	1
烟台市	0.95	5 903.7	0.90	1.12	12	13	-1
枣庄市	0.91	6 413.7	0.93	1.17	13	11	2
青岛市	0.85	6 350.9	0.86	1.08	14	14	0
莱芜市	0.79	6 072.4	0.77	0.96	15	15	0
济南市	0.74	6 069.8	0.72	0.90	16	16	0
淄博市	0.67	6 600.6	0.71	0.88	17	17	0

资料来源：《山东统计年鉴2017》。

通过相对生产力换算，发现德州、滨州人均耕地远高于国家均值1.46亩，东营、菏泽、聊城相对耕地也明显高于国家值，有9个地市人均耕地高于国家均值。经过相对生产力换算之后，各地市人均耕地绝对值与相对值有所变化，如枣庄市的数值变大，滨州市的数值变小。正是因为人均耕地、人均湿地数量，旱作耕地比例及地形、气候等条件的影响，致使各地市农业产值有明显差异。表1-3是2017年山东省17地市农业人口人均农业产值的对比。

人均产值最高的地市为威海市、东营市、烟台市；人均产值较高的地市为滨州市、青岛市、德州市、潍坊市、济宁市、日照市、泰安市、济南市；人均产值较低的地市为莱芜市、聊城市、淄博市、枣庄市；人均产值最低的地市为临沂市、菏泽市。可以看出沿海地区与内陆地区在农业产出方面存在很大差异。农业人口人均农业产出最高的威海市产值为52 676元，最低的菏泽市为11 245元，最高值为最低值的4.68倍。农业人口人均产值具有明显的沿海—内陆分异性。沿海的平均值为30 665元，内陆的平均值为19 011元，沿海为内陆的1.61倍。沿海最低值为日照市的24 555元，也接近内陆的最高值。

表1-3　2017年山东省17地市农业人口人均产值及比例

地区	人均产值（元）						占比（%）				
	总产值	农业	林业	牧业	渔业	服务业	农业	林业	牧业	渔业	服务业
山东省	23 174	11 164	419	6 342	3 742	1 508	48.17	1.81	27.37	16.15	6.51
济南市	23 410	13 754	707	7 380	361	1 208	58.75	3.02	31.53	1.54	5.16
淄博市	18 468	11 957	1 032	4 297	359	822	64.74	5.59	23.27	1.95	4.45
枣庄市	17 156	10 322	156	4 163	936	1 579	60.17	0.91	24.26	5.46	9.20
济宁市	24 998	13 186	386	7 323	2 429	1 675	52.75	1.54	29.29	9.72	6.70
泰安市	23 546	12 481	369	8 223	807	1 665	53.01	1.57	34.93	3.43	7.07
莱芜市	19 522	12 798	702	5 158	310	554	65.56	3.60	26.42	1.59	2.84
临沂市	14 441	8 365	638	4 032	661	744	57.93	4.42	27.92	4.58	5.15
德州市	26 051	11 820	684	9 788	963	2 796	45.37	2.62	37.57	3.70	10.73
聊城市	18 855	11 094	140	5 948	590	1 082	58.84	0.74	31.55	3.13	5.74
菏泽市	11 245	6 838	248	3 378	356	425	60.81	2.20	30.04	3.17	3.78
内陆	19 011	10 626	458	5 841	856	1 230	55.89	2.41	30.73	4.50	6.47
青岛市	27 386	11 785	121	6 527	7 182	1 770	43.03	0.44	23.83	26.23	6.46
东营市	39 456	13 742	363	9 582	11 997	3 773	34.83	0.92	24.29	30.40	9.56

（续表）

地区	人均产值（元）						占比（%）				
	总产值	农业	林业	牧业	渔业	服务业	农业	林业	牧业	渔业	服务业
烟台市	35 420	14 519	675	6 050	11 941	2 236	40.99	1.90	17.08	33.71	6.31
潍坊市	25 420	12 694	185	8 427	2 377	1 737	49.94	0.73	33.15	9.35	6.83
威海市	52 676	9 077	121	7 701	33 554	2 223	17.23	0.23	14.62	63.70	4.22
日照市	24 555	8 867	384	6 121	7 601	1 582	36.11	1.56	24.93	30.95	6.44
滨州市	28 299	11 822	609	7 750	5 675	2 442	41.78	2.15	27.39	20.06	8.63
沿海	30 665	12 219	341	7 323	8 730	2 052	39.85	1.11	23.88	28.47	6.69

资料来源：《山东统计年鉴2018》。

把17地市农业人均产出与种植业、林业、牧业、渔业、服务业的产出做相关分析。结果显示，农业人均产出与各分项之间的相关性为0.299、-0.207、0.627、0.91、0.735。这表明尽管种植业与牧业是产出的主要来源，但导致各地市农均产出的却是渔业，沿海地区就是靠渔业及相关服务业而在农业生产方面保持了优势。结合表1-1分析，发现山东各地市农业人口人均产值与人均湿地资源明显相关。通过相关分析发现，17地市年均产出与人均湿地之间的相关系数为0.536，为中度相关；而17地市年均产出与人均耕地之间的相关系数为-0.082，没有相关性，见表1-4。

表1-4 2017年山东省17地市农业人均产值与人均耕地、人均湿地

地区	人均产值（元）	人均耕地（亩）	人均湿地（亩）	地区	人均产值（元）	人均耕地（亩）	人均湿地（亩）
威海市	52 676	1.04	0.61	泰安市	23 546	0.97	0.13
东营市	39 456	0.95	3.21	济南市	23 410	0.74	0.05
烟台市	35 420	0.95	0.38	莱芜市	19 522	0.79	0.06
滨州市	28 299	1.79	0.68	聊城市	18 855	1.4	0.04
青岛市	27 386	0.85	0.23	淄博市	18 468	0.67	0.04
德州市	26 051	1.67	0.07	枣庄市	17 156	0.91	0.06
潍坊市	25 420	1.28	0.35	临沂市	14 441	1.21	0.08
济宁市	24 998	1.09	0.27	菏泽市	11 245	1.44	0.1
日照市	24 555	1.24	0.2	山东省	23 174	1.15	0.26

资料来源：《山东统计年鉴2018》。

从农业生产角度，山东省17地市在资源禀赋方面的差别主要在于人均湿地面积不同。湿地资源导致渔业产值在17地市之间有明显不同。威海以人均0.61亩的沿海湿地创造了33 554元的产值，产值出奇的高。其他沿海地市的产值也明显高于内地。平均而言，沿海地区农业人口渔业产值为8 730元，而内陆地区的数值仅为856元，两者之间的差距是十分悬殊的。计算17地市各分项的离差均值，种植业为1 869元，林业为232元，牧业为1 688元，渔业为5 552元，服务业为702元。这充分表明湿地对农业生产的重要性。同时，沿海湿地产出水平远高于内地湿地产出，这与海洋渔业产值高于内陆渔业的现实符合。

1.4 山东省17地市交通地理区位分析

自从著名地理学家戈特曼于1957年借用古希腊Megalopolis一词提出"大城市带"以来，人口向大都市密集的都市带集聚的进程越来越明显。20世纪50年代，戈特曼用它来形容美国东北部大西洋沿岸的新罕布什尔州南部到弗吉尼亚州北部的城市化地区。而在他1989年发表的《大都市带》一书中，认为目前世界上已经有6个大都市带：美国东北部大西洋沿岸大都市带、日本东海道太平洋沿岸大都市带、欧洲西北部大都市带、美国五大湖沿岸大都市带、英格兰大都市带、中国长江三角洲大都市带。

以纽约为中心的美国东北部大西洋沿岸大都市带贯穿波士顿、纽约、费城、巴尔的摩、华盛顿等大城市及40个10万人口以上的城市，面积占美国面积的1.5%，人口占美国总人口的20%，城市化水平达到90%以上。制造业产值占全国的30%，是美国最大的生产基地和贸易中心，也是世界最大的国际金融中心。以芝加哥为中心的北美五大湖沿岸大都市带从芝加哥向东到底特律、克利夫兰、匹兹堡，并一直延伸到加拿大的多伦多和蒙特利尔。底特律的汽车工业、匹兹堡的钢铁工业都享誉全球。美国钢铁公司、通用汽车公司等成为北美五大湖城市带所在城市的象征。以东京为首的日本太平洋沿岸大都市带区域面积3.5万平方千米，人口将近7 000万人，占全国人口61%。

世界城市化发展的趋势是，人口向有良好港口支撑的沿海地区的流动越来越明显。戈特曼提出的大都市带中，命运发展不尽相同，北美五大湖沿岸大都市带现已成为世界著名的铁锈地带。五大湖地区自从美国步入第三产业为主导的经济体系之后，很多工厂被废弃，因此那里被称为铁锈地带，简称锈带。在2008年金融危机期间，美国汽车行业遭受重创。当时三大汽车公司中，通用和克莱斯勒均申请破产保护，而只有福特没有破产。在2007年，福特全资子公司阿斯顿·马丁出售；2008年，福特将自己旗下的捷豹、路虎两个品牌合并出售给了印度的塔塔集团，并抛售了马自达26.8%的股份。2010年，中国汽车企业吉利集团从福特手中收购了沃尔沃的轿车业务。

沿海都市带与内陆都市带的经济地理基础与前途截然不同。进入21世纪，我国大都市带的发展十分迅速，按照国家"十三五"的规划，要在全国范围内建设19个城市群。实际上，京津冀、长三角、珠三角已经是Megalopolis（巨型城市带）含义的世界级城市群。尽管从国土均衡的角度，国家规划引导中西部地区发展城市群，但人口与经济向沿海流动是必然趋势。山东半岛城市群、海峡西岸城市群、辽中南城市群相对于内陆的城市群有发展区位优势。长江三角洲城市群是中国经济最发达、城镇集聚程度最高的城市化地区，以仅占中国2.1%的国土面积，集中了中国1/4的经济总量和1/4以上的工业增加值，被视为中国经济发展的重要引擎。长江三角洲也是中国对外开放的最大地区，该地区工业基础雄厚、商品经济发达，水陆交通方便，是中国最大的外贸出口基地。一批城市其国内生产总值过千亿人民币，为"长三角"都市圈带来丰富性和层次感的县域经济，极具竞争力。

粤港澳大湾区由香港、澳门两个特别行政区和珠三角9个地市组成，总面积5.6万平方千米，2018年末总人口已达7 000万人，GDP为10.87万亿元，是中国开放程度最高、经济活力最强的区域之一，在国家发展大局中具有重要战略地位。粤港澳大湾区，是与美国纽约湾区、旧金山湾区和日本东京湾区并肩的世界四大湾区之一，已建成世界级城市群。世界银行报告显示，2015年1月26日珠江三角洲超越日本东京，成为世界人口和面积最大的城市群。2019年2月18日，中共中央、国务院印发《粤港澳大湾区发展规划纲要》。按照规划纲要，粤港澳大湾区不仅要建成充满活力的世界级城市群、国际科技创新中心、"一带一路"建设的重要支撑、内地与港澳深度合作示范区，还要打造成宜居宜业宜游的优质生活圈，成为高质量发展的典范。

对外有优良的海港面向世界开放，是一个区域成为具有世界影响力的必要条件。同时依托具有出海口的优良内河航道、建设海港、河港、航空港、高速铁路、高速公路的立体交通网，是一个区域拥有优良区位的最理想组合。在我国，长江三角洲地区是交通区位最佳的地区。就山东而言，半岛地区拥有海陆空综合立体交通条件，但较之于长三角地区与粤港澳地区而言，区位的优越等级明显差一个级别。山东省17地市之间，交通区位条件差异明显，既普遍存在海陆差异，也存在因城市行政、经济级别导致的区位差异。

从民航运输能力看，青岛、济南、烟台3地市各自拥有1个国际机场；潍坊、日照拥有支线国际机场；威海、临沂拥有中型机场；东营、济宁拥有支线机场；菏泽机场在建设中；淄博、枣庄、泰安、德州、聊城、德州规划建设机场；2019年1月9日，山东省第十三届人民代表大会常务委员会第八次会议通过关于济南市莱芜市行政区划调整若干问题的决定。经国务院批准，撤销地级莱芜市，将其所辖区域划归济南市管辖，设立济南市莱芜区、钢城区。莱芜目前尚无机场建设的规划。青岛国际机场2018年的旅客周转量为2 321万人次，明显高出济南国际机场1 432万人次的周转量。内陆地区2018年航空旅客周转量为1 662万人次，占山东总体的33.08%；沿海地区旅客周转量为3 362万人次，占山东总体的66.92%；沿海与内陆地区航空旅客周转量的差异十分明显。从水运看，内陆地区2017年港口货物吞吐量为7 253万吨，占山东总体的4.76%；沿海地区港口货物吞吐量为145 038万吨，占山东总体的95.24%；沿海与内陆在水运方面的差距十分悬殊。从铁路交通看，沿海地市开通的高速铁路与普通铁路的线路数量也明显多于内陆地市，但与内陆地市的差距是三类交通中差距最小的。表1-5是山东省17地市航空、港口货物吞吐量与铁路线路开通状况。

表1-5　山东省17地市航空、航运、铁路交通情况

地区	机场旅客周转量	港口货物吞吐量	铁路线路
济南市	国际机场1 432万人次	小于10万吨	京沪高铁、胶济客运、石济客运、济青高铁邯济铁路、胶济铁路、京沪线
青岛市	国际机场2 321万人次	51 463万吨	济青高铁、青太高铁、胶济客运、青盐铁路胶济线、青烟动车、蓝烟线、胶新线
淄博市	规划建设	小于10万吨	济青高铁、胶济客运、胶济线、东营淄博东都平邑线、瓦日铁路
枣庄市	规划建设	1 416万吨	京沪高铁、京沪线、枣临—临日铁路
东营市	支线机场53万人次	5 418万吨	黄大—大莱龙烟铁路、东营淄博东都平邑线、东营—青临线
烟台市	国际机场650万人次	35 407万吨	荣烟高铁、荣烟动车、青烟动车、蓝烟线、荣烟线、大莱龙烟铁路、烟大轮渡线

（续表）

地区	机场旅客周转量	港口货物吞吐量	铁路线路
潍坊市	支线（国际）机场60万人次	4 210万吨	济青高铁、青太高铁、胶济客运、胶济铁路、东营—青临线
济宁市	支线机场97万人次	5 817万吨	京沪高铁、京沪线、新（乡）菏兖日铁路、瓦日铁路
泰安市	规划建设	规划建设	京沪高铁、京沪线、瓦日铁路、德州—泰安—莱芜线
威海市	中型机场204万人次	7 554万吨	荣烟高铁、荣烟动车、蓝烟线、荣烟线、荣威线、威海—营盘线
日照市	支线（国际）机场74万人次	38 286万吨	青盐铁路、新（乡）菏兖日铁路、瓦日铁路
莱芜市	无民航规划		东营淄博东都平邑线、莱芜临淄线、瓦日铁路、德州—泰安—莱芜线
临沂市	中型机场133万人次		胶新线、新（乡）菏兖日铁路、瓦日铁路、枣临线
德州市	规划建设	规划建设	京沪高铁、胶济客运、石济客运、德大线、石德线、德州—泰安—莱芜线
聊城市	规划建设		京九线、邯济铁路
滨州市	规划建设	2 700万吨	德大线、滨州淄博线
菏泽市	国内支线在建		京九线、新（乡）菏兖日铁路

注：机场数据来自民航新闻网，2018年中国235个机场吞吐量排名http://news.carnoc.com/list/477/477085.html；港口货物吞吐量来自《山东统计年鉴2018》。

山东省是高速公路建设起步较早的省份之一。1996—2005年，山东省高速公路里程均列全国第1位，是高速公路大省，省内高速公路里程数占据全国比例最高时曾达到12.3%。尽管这一比例由于新建增速的下降而不断下滑，但里程数排名仍位居全国前列。"十三五"开启新一轮高速公路建设热潮，到2020年要实现高速公路通车里程达到7 600千米的任务目标，新建市场需求近2 300千米。自2013年5月山东省政府决定全面加速高速公路建设以来，山东省掀起新一轮高速公路建设热潮，在建设项目、施工规模、通车里程均进入快速增长时期。"十三五"规划更是提出"市市通高铁、县县通高速"目标。目前内陆地区与沿海地区在高速公路建设方面的条件差距很小，因为几何位置的作用，内陆地区通过高速公路与外界保持联系的便捷程度高于沿海地区（表1-6）。

表1-6　山东省17地市高速公路交通情况

地区	高速公路
济南市	12条：济南—德州—北京、济南—天津—北京、济南—泰安—上海、济南—泰安—福州、济南—菏泽—广州、济南—淄博—青岛、济南—莱芜—青岛、济南—淄博—潍坊、济南—聊城—邯郸、济南—石家庄—银川、济南—滨州—东营、济南—高青—广饶
青岛市	10条：青岛—烟台—大连—沈阳、青岛—连云港—上海—海口、青岛—济南—石家庄—银川、青岛—莱芜—聊城—邯郸—兰州、青岛—威海、青岛—烟台、青岛—龙口、青岛—平度—滨州、青岛前湾港区疏港高速公路、胶州湾大桥
淄博市	4条：淄博—青岛、淄博—济南—石家庄—银川、淄博—莱芜—上海、淄博—滨州—天津
枣庄市	3条：枣庄—济南—北京、枣庄—徐州—福州、枣庄—临沂
东营市	6条：东营—莱州—烟台—荣成、东营—黄骅—天津—乌海、东营—德州—衡水、东营—青州—深圳、东营—青岛、东营—滨州—济南
烟台市	7条：烟台—大连—沈阳、烟台—栖霞—青岛—连云港—上海—海口、烟台—莱州—东营、烟台—威海—荣成、烟台—莱西—青岛、烟台—潍坊—淄博—济南、烟台—海阳—青岛
潍坊市	8条：东营—青州—深圳、潍坊—莱州—龙口、潍坊—莱西—烟台—威海、潍坊—莱西—荣成、潍坊—青岛、潍坊—淄博—济南、潍坊—日照、潍坊—黄岛
济宁市	5条：济南—曲阜—枣庄—徐州—福州、济南—济宁—徐州、日照—曲阜—菏泽、日照—曲阜—兰考、济南—梁山—菏泽—商丘—广州
泰安市	5条：济南—泰安—上海、济南—泰安—福州、泰安—莱芜—青岛、泰安—临沂—新沂、泰安—蒙阴—日照
威海市	3条：青岛—威海、威海—烟台—莱州—东营、威海—潍坊—淄博—济南
日照市	4条：日照—青岛—烟台—大连、日照—连云港—上海、日照—曲阜—菏泽、日照—枣庄—兰考
莱芜市	5条：莱芜—淄博—滨州—天津、莱芜—临沂—上海、莱芜—济南、莱芜—泰安、莱芜—青岛
临沂市	9条：临沭—沂水—东营、临沭—连云港、临沂—滨州—天津、临沂—济南、临沂—新沂—上海、沂南—日照、沂南—曲阜、罗庄—岚山、罗庄—枣庄
德州市	7条：德州—北京、德州—沧州—天津、德州—济南、德州—夏津—聊城—菏泽、夏津—禹城—淄博—青岛、夏津—邢台、德州—东营

地区	高速公路
聊城市	8条：聊城—东营、聊城—济南—青岛、聊城—德州、聊城—菏泽、临清—夏津—禹城—淄博—青岛、临清—邢台、聊城—邯郸、聊城—泰安
滨州市	4条：滨州—济南、滨州—淄博—上海、滨州—天津、滨州—河口
菏泽市	6条：菏泽—聊城、菏泽—济南、菏泽—曲阜—日照、菏泽—开封—郑州、菏泽—新乡、菏泽—商丘

综上所述，山东省17地市因为海陆位置差异和海陆空交通网络建设水平的差异，已经形成了明显的综合交通差异（彩图1-2至彩图1-4、图1-1）。海运条件的巨大差异导致航运交通的差异是难以改变的，也是奠定山东总体交通条件海陆差异的根本原因。未来的交通发展中，要尽量缩短海陆条件的差异，有如下几个思路。

第一，加速建设内陆地市高速铁路。最近几年，山东加大了内陆地区高速铁路建设力度，有几条重要的线路在建设中，或者通过了国家有关部门的审批。日兰高速铁路（简称日兰高铁）位于山东省南部，是国家"八纵八横"高速铁路网的重要连接通道，设计行车速度为350千米/小时，为双线客运专线，全长494千米；东起日照，向西贯穿临沂、曲阜、济宁、菏泽，与郑徐客运专线兰考南站接轨。临沂至曲阜段、临沂至日照段、曲阜菏泽段正式开工。2019年12月3日，日兰高速铁路日照至曲阜段已经通车。

2019年7月22日，国家发改委网站公布了对山东、河南间的两条新建高速铁路的批复。其中，郑州至济南铁路濮阳至济南段起自濮阳东站，经河南省濮阳市，山东省聊城市、德州市、济南市，终至济南西站。菏泽至兰考铁路起自菏泽东站，经山东省菏泽市，河南省开封市、商丘市，终至兰考南站。另一条通过山东西部的雄安至商丘段的初步设计和定测工作已接近尾声，初步设计审查即将开始，2020年开工建设。京雄商高铁途径北京、河北、山东、河南4省（市）30个县（市、区）。山东段有车站6座：临清东、聊城西、梁山、郓城、菏泽东、曹县西。聊城西站与郑济高铁、菏泽东站与鲁南高铁并站分场，梁山站和郓城站与既有京九铁路并站，商丘站纳入商合杭高铁建设。这些高速铁路的建设，将极大地改善内陆地区交通相对落后的状况。

第二，在慎重考虑之后，适当加速内陆航空机场的建设。机场建设和运营成本极高，规划之初应当充分考虑经济的可行性。对于具有经济可行性的内陆机场要毫不迟疑地加速建设。

第三，可以通过加强内陆地市与沿海港口城市之间铁路、公路的联系，建立沿海港口与内陆地区的合作通道，改善内陆地区的交通状况。

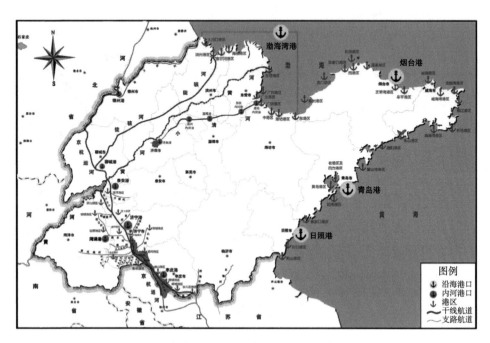

图1-1　山东省沿海港口和内河水运布局规划示意图

（资料来源：山东省人民政府网. http://www.shandong.gov.cn/art/2018/9/12/art_2259_28564.html）

1.5　山东省在全国的地位演变

总体而言，山东的经济实力在全国居于领先地位，但在不同时期，山东经济总量在全国的地位有过波动，见表1-7。

表1-7　山东GDP总量与其他省（市、区）的对比（亿元）

地区	1996年		地区	2008年		地区	2016年	
广东	6 519	1.00	广东	35 696	1.00	广东	80 855	1.00
江苏	6 004	0.92	山东	31 072	0.87	江苏	77 388	0.96
山东	5 960	0.91	江苏	30 313	0.85	山东	68 025	0.84

地区	1996年		地区	2008年		地区	2016年	
浙江	4 146	0.64	浙江	21 487	0.60	浙江	47 251	0.58
河南	3 661	0.56	河南	18 408	0.52	河南	40 472	0.50
河北	3 453	0.53	河北	16 189	0.45	四川	32 935	0.41
辽宁	3 158	0.48	上海	13 698	0.38	湖北	32 665	0.40
四川	2 985	0.46	辽宁	13 462	0.38	河北	32 070	0.40
湖北	2 970	0.46	四川	12 506	0.35	湖南	31 551	0.39
上海	2 902	0.45	湖北	11 330	0.32	福建	28 811	0.36
湖南	2 647	0.41	湖南	11 157	0.31	上海	27 179	0.34
福建	2 584	0.40	福建	10 823	0.30	北京	25 669	0.32
黑龙江	2 403	0.37	北京	10 488	0.29	安徽	24 408	0.30
安徽	2 339	0.36	安徽	8 874	0.25	辽宁	22 247	0.28
广西	1 698	0.26	黑龙江	8 310	0.23	陕西	19 400	0.24
北京	1 616	0.25	内蒙古	7 762	0.22	江西	18 499	0.23
江西	1 517	0.23	广西	7 172	0.20	广西	18 318	0.23
云南	1 492	0.23	山西	6 939	0.19	内蒙古	18 128	0.22
吉林	1 337	0.21	陕西	6 851	0.19	天津	17 885	0.22
山西	1 308	0.20	江西	6 480	0.18	重庆	17 741	0.22
重庆	1 179	0.18	吉林	6 424	0.18	黑龙江	15 386	0.19
陕西	1 175	0.18	天津	6 354	0.18	云南	14 788	0.18
天津	1 102	0.17	云南	5 700	0.16	吉林	14 777	0.18
内蒙古	985	0.15	重庆	5 097	0.14	山西	13 050	0.16
新疆	912	0.14	新疆	4 203	0.12	贵州	11 777	0.15
甘肃	714	0.11	贵州	3 333	0.09	新疆	9 650	0.12
贵州	714	0.11	甘肃	3 176	0.09	甘肃	7 200	0.09
海南	390	0.06	海南	1 459	0.04	海南	4 053	0.05
宁夏	194	0.03	宁夏	1 099	0.03	宁夏	3 169	0.04
青海	184	0.03	青海	962	0.03	青海	2 573	0.03

（续表）

地区	1996年		地区	2008年		地区	2016年	
西藏	65	0.01	西藏	396	0.01	西藏	1 151	0.01
广东	6 519	1.00	广东	35 696	1.00	广东	80 855	1.00
江苏	6 004	0.92	山东	31 072	0.87	江苏	77 388	0.96
山东	5 960	0.91	江苏	30 313	0.85	山东	68 025	0.84
浙江	4 146	0.64	浙江	21 487	0.60	浙江	47 251	0.58

资料来源：根据《山东统计年鉴》与《国家统计年鉴》整理计算。

自1990年至今，大陆的31个省（市、区）中，广东、江苏、山东3省的GDP实力最强，其他各省（市、区）的经济实力与这3省相比差距较大。1996年大陆GDP总量排名前10的省（市、区）有广东、江苏、山东、浙江、河南、河北、辽宁、四川、湖北、上海。以第1名广东省为1，其他各省的实力依次相当于0.92、0.91、0.64、0.56、0.53、0.48、0.46、0.46、0.45。2008年大陆GDP总量排名前10的省（市、区）有广东、山东、江苏、浙江、河南、河北、上海、辽宁、四川、湖北。以第1名广东省为1，其他各省（市、区）的实力依次相当于0.87、0.85、0.60、0.52、0.45、0.38、0.38、0.35、0.32。2016年大陆GDP总量排名前10的省（市、区）有广东、江苏、山东、浙江、河南、四川、湖北、河北、湖南、福建。以第1名广东省为1，其他各省的实力依次相当于0.96、0.84、0.58、0.50、0.41、0.40、0.40、0.39、0.36。1996年是前10名省（市、区）间实力差距最小，2008年排名前10名省（市、区）间实力差距相对于1996年扩大了12.69%，2016年排名前10名省（市、区）间实力差距较之于2008年有所缩小，但相对于1996年仍扩大了10.5%。

历年来排在前3的省（市、区）与其他省区的实力相差明显，1996年实力排名前3的省（市、区）依次是广东、江苏、山东，2008年排名前3的省（市、区）依次是广东、山东、江苏，2016年排名前3的省（市、区）依次是广东、山东、江苏，1996年山东经济实力最接近广东，此后山东与广东、江苏的实力差距逐渐扩大。在三大经济强省之中，山东经济实力是相对趋弱的态势。

从人均GDP与居民人均可支配收入考虑，山东省也是相对趋弱的态势，见表1-8。

表1-8 山东人均GDP与其他省（市、区）的对比（元）

地区	1980年	地区	1996年	地区	2008年	地区	2016年
上海	2 725	上海	22 256	上海	72 536	北京	118 127
北京	1 544	北京	14 919	北京	61 876	天津	114 501
天津	1 357	天津	12 222	天津	54 034	上海	112 309
辽宁	811	广东	9 452	浙江	41 967	江苏	96 747
黑龙江	694	浙江	9 423	江苏	39 483	浙江	84 528
江苏	541	江苏	8 692	广东	37 402	福建	74 369
广东	481	福建	8 047	山东	32 995	广东	73 511
青海	473	辽宁	7 783	内蒙古	32 157	内蒙古	71 937
西藏	471	山东	6 814	辽宁	31 199	山东	68 387
浙江	471	黑龙江	6 665	福建	30 031	重庆	58 204
国家	461	国家	5 898	国家	24 212	湖北	55 506
吉林	445	海南	5 456	吉林	23 497	吉林	54 069
山西	442	新疆	5 442	河北	23 164	国家	53 980
宁夏	433	河北	5 344	黑龙江	21 723	陕西	50 878
湖北	428	吉林	5 185	山西	20 345	辽宁	50 815
河北	427	湖北	5 142	湖北	19 840	宁夏	46 942
四川	420	内蒙古	4 352	新疆	19 727	湖南	46 249
山东	402	山西	4 276	河南	19 523	海南	44 201
甘肃	388	湖南	4 134	陕西	18 212	青海	43 381
海南	354	河南	3 978	重庆	17 952	河北	42 932
福建	348	青海	3 965	宁夏	17 784	河南	42 459
内蒙古	343	重庆	3 930	湖南	17 487	黑龙江	40 500
湖南	343	安徽	3 864	青海	17 347	江西	40 285
江西	342	云南	3 816	海南	17 087	新疆	40 241
重庆	334	江西	3 811	四川	15 368	四川	39 863
陕西	334	广西	3 735	广西	14 891	安徽	39 393

（续表）

地区	1980年	地区	1996年	地区	2008年	地区	2016年
安徽	291	宁夏	3 716	江西	14 728	广西	37 862
广西	278	四川	3 624	安徽	14 465	山西	35 443
河南	267	陕西	3 399	西藏	13 795	西藏	34 785
云南	267	甘肃	2 941	云南	12 547	贵州	33 127
贵州	219	西藏	2 710	甘肃	12 085	云南	30 996
		贵州	2 063	贵州	8 789	甘肃	27 588

资料来源：《山东统计年鉴》与《国家统计年鉴》。

　　1980年山东省人均GDP仅仅排名全国第17位，人均GDP相当于除直辖市之外在省（市、区）排名第1位的辽宁省的49.6%；1996年山东省人均GDP排名全国第9位，人均GDP相当于除直辖市之外在省（市、区）排名第1位的广东省的72.1%；2008年山东省人均GDP排名全国第7位，人均GDP相当于除直辖市之外在省（市、区）排名第1位的浙江省的78.6%；2016年山东省人均GDP排名全国第9位，人均GDP相当于除直辖市之外在省（市、区）排名第1位的江苏省的70.7%。2008年的人均GDP相对于1996年有所提高，2016年的人均GDP相对于1996年有轻微下降，相较于2008年有大幅的下降。

　　山东省人均GDP与相应年份排名第1的上海或者北京对比，1980年人均GDP相当于上海的14.75%，1996年相当于上海的30.62%，2008年相当于上海的45.49%，2016年相当于北京的57.89%。从这个角度看，在1980—1996年，山东省的人均GDP得到了迅速的发展；1997—2008年，山东省的人均GDP也得到了长足的发展；2009—2016年，山东省的人均GDP也得到了明显发展。因此，与全国最高水平的地区相比，山东省人均GDP的进步更大一些，但从众多省份及国家均值的对比看，山东省的人均GDP进步则要小一些。如前所述，1960—2006年，山东省的人均GDP从追赶国家一直到领先国家，并达到最高值。2006年之后，山东省的GDP相对于国家的优势缓慢下降。

　　下面从居民收入角度了解山东省在国家经济社会发展中的位置变化。表1-9是5个时期山东省农村居民人均纯收入与其他省（市、区）的对比。

表1-9　山东省农村居民人均纯收入与其他省（市、区）的对比（元）

地区	1980年	地区	1990年	地区	2000年	地区	2010年	地区	2016年
上海	397	上海	1 907	上海	5 596	上海	13 978	上海	25 520
北京	290	北京	1 297	北京	4 605	北京	13 262	浙江	22 866
天津	278	浙江	1 099	浙江	4 254	浙江	11 303	北京	22 310
广东	274	天津	1 069	广东	3 654	天津	10 075	天津	20 076
辽宁	273	广东	1 043	天津	3 622	江苏	9 118	江苏	17 606
吉林	236	江苏	959	江苏	3 595	广东	7 890	福建	14 999
湖南	220	辽宁	836	福建	3 230	福建	7 427	广东	14 512
浙江	219	吉林	804	山东	2 659	山东	6 990	山东	13 954
江苏	218	福建	764	河北	2 479	辽宁	6 908	辽宁	12 881
黑龙江	205	黑龙江	760	辽宁	2 356	吉林	6 237	湖北	12 725
新疆	198	海南	696	湖北	2 269	黑龙江	6 211	全国	12 363
山东	194	全国	686	全国	2 253	河北	5 958	江西	12 138
全国	191	新疆	683	湖南	2 197	全国	5 919	吉林	12 123
四川	188	山东	680	海南	2 182	湖北	5 832	湖南	11 930
安徽	185	湖北	671	黑龙江	2 148	江西	5 789	河北	11 919
内蒙古	181	江西	670	江西	2 135	湖南	5 622	海南	11 843
江西	181	湖南	664	内蒙古	2 038	内蒙古	5 530	黑龙江	11 832
宁夏	178	西藏	650	吉林	2 023	河南	5 524	安徽	11 721
河北	176	广西	639	河南	1 986	安徽	5 285	河南	11 697
广西	174	河北	622	安徽	1 935	重庆	5 277	内蒙古	11 609
福建	172	内蒙古	607	山西	1 906	海南	5 275	重庆	11 549
湖北	170	山西	604	四川	1 904	四川	5 087	四川	11 203
贵州	161	宁夏	578	重庆	1 892	山西	4 736	广西	10 360
河南	161	青海	560	广西	1 865	宁夏	4 675	新疆	10 183
山西	156	四川	558	宁夏	1 724	新疆	4 643	山西	10 083

（续表）

地区	1980年	地区	1990年	地区	2000年	地区	2010年	地区	2016年
甘肃	153	云南	541	新疆	1 618	广西	4 543	宁夏	9 852
云南	150	安徽	539	青海	1 490	西藏	4 139	陕西	9 396
陕西	142	陕西	531	云南	1 479	陕西	4 105	西藏	9 094
海南		河南	527	陕西	1 444	云南	3 952	云南	9 020
重庆		贵州	435	甘肃	1 429	青海	3 863	青海	8 664
西藏		甘肃	431	贵州	1 374	贵州	3 472	贵州	8 090
青海		重庆		西藏	1 331	甘肃	3 425	甘肃	7 457

资料来源：《山东统计年鉴》《国家统计年鉴》。

1980年、1990年、2000年、2010年、2016年山东省农村居民人均纯收入在全国的排名分别是第12、第14、第8、第8、第8名。与国家值的比值分别为1.016、0.991、1.180、1.181、1.129，与排名第1的上海市的比值为0.489、0.357、0.475、0.500、0.547。可见，山东省农村居民收入在1980年与1990年仅与国家水平持平，后3个年份则有明显的提升。如1980年山东省人均GDP仅仅排名全国第17位，2016年山东省人均GDP排名全国第9位。与人均GDP排名相比，山东省农村居民收入水平在国家有明显优势。表1-10是山东省城镇居民人均可支配收入与其他省（市、区）的对比情况。

表1-10　山东城镇居民人均可支配收入与其他省（市、区）的对比（元）

地区	1990年	地区	2000年	地区	2010年	地区	2016年
广东	3 329	上海	11 718	上海	31 838	上海	57 692
上海	2 925	北京	10 350	北京	29 073	北京	57 275
西藏	2 675	广东	9 762	浙江	27 359	浙江	47 237
浙江	2 512	浙江	9 279	天津	24 293	江苏	40 152
北京	2 360	天津	8 141	广东	23 898	广东	37 684
福建	2 139	福建	7 432	江苏	22 944	天津	37 110
广西	2 106	西藏	7 426	福建	21 781	福建	36 014
江苏	2 101	江苏	6 800	山东	19 946	山东	34 012

（续表）

地区	1990年	地区	2000年	地区	2010年	地区	2016年
天津	2 087	山东	6 490	全国	19 109	全国	33 616
湖南	2 045	云南	6 325	辽宁	17 713	内蒙古	32 975
海南	2 033	全国	6 280	内蒙古	17 698	辽宁	32 876
四川	2 008	重庆	6 276	重庆	17 532	湖南	31 284
全国	1 995	湖南	6 219	广西	17 064	重庆	29 610
辽宁	1 988	四川	5 894	湖南	16 566	湖北	29 386
云南	1 963	广西	5 834	河北	16 263	安徽	29 156
河北	1 960	河北	5 661	云南	16 065	江西	28 673
宁夏	1 952	新疆	5 645	湖北	16 058	云南	28 611
山东	1 929	湖北	5 525	河南	15 930	新疆	28 463
湖北	1 907	海南	5 358	安徽	15 788	海南	28 454
新疆	1 877	辽宁	5 358	陕西	15 695	陕西	28 440
陕西	1 764	安徽	5 294	山西	15 648	四川	28 335
安徽	1 727	青海	5 170	海南	15 581	广西	28 324
贵州	1 706	内蒙古	5 129	江西	15 481	河北	28 249
山西	1 692	陕西	5 124	四川	15 461	西藏	27 802
青海	1 685	贵州	5 122	吉林	15 411	山西	27 352
甘肃	1 683	江西	5 104	宁夏	15 344	河南	27 233
吉林	1 641	甘肃	4 916	西藏	14 980	宁夏	27 153
河南	1 612	黑龙江	4 913	贵州	14 143	青海	26 757
黑龙江	1 611	宁夏	4 912	黑龙江	13 857	贵州	26 743
内蒙古	1 582	吉林	4 810	青海	13 855	吉林	26 530
江西	1 542	河南	4 766	新疆	13 644	黑龙江	25 736
重庆		山西	4 724	甘肃	13 189	甘肃	25 694

资料来源：《山东统计年鉴》《国家统计年鉴》。

1990年、2000年、2010年、2016年山东省城镇居民人均可支配收入在全国的排名分别是第17、第9、第8、第8名。与国家值的比值分别为0.967、1.033、1.044、1.012，与排名第1的省（市、区）的比值为0.579、0.554、0.626、0.590。可见，山东省城镇居民收入与国家水平持平，与排名第1位的省（市、区）的差距要小于农村居民收入。

综合城镇居民与农村居民收入，2016年山东省居民人均可支配收入排名全国第9位，相当于上海市的45.46%，相当于除直辖市之外在省（市、区）排名第1位的浙江省的64.1%，与国家值的比值为1.036。2016年山东省人均GDP在全国的排名也是第9名，相当于北京的57.89%，相当于除直辖市之外在省（市、区）排名第1位的江苏省的70.7%。相对于人均GDP，山东的居民收入水平要更加弱势一些。

总体而言，山东省人均GDP与居民收入稍高于国家均值，在历史时期也曾经稍落后于国家均值。目前而言，山东省经济发展相对于国家优势呈轻微缩态势。

1.6 山东省区域经济格局概况

1.6.1 山东省三次产业产值结构演变

山东是中国经济最发达的省份之一，中国经济实力最强的省份之一，也是发展较快的省份之一。2017年全省实现生产总值72 678.2亿元，按可比价格计算，比上年增长7.4%。其中，第一产业增加值4 876.7亿元，增长3.5%；第二产业增加值32 925.1亿元，增长6.3%；第三产业增加值34 876.3亿元，增长9.1%。三次产业构成为6.7∶45.3∶48.0。人均生产总值72 851元，按年均汇率折算为10 790美元。中华人民共和国成立初至今，山东如同我国一样，从落后的农业经济发展为比较发达的工业经济；山东经济一度落后于国家的情况下见表1-11。

表1-11 山东省与国家GDP结构与人均值

年份	山东省GDP结构与人均值				国家GDP结构与人均值				山东省对比国家	
	一产业（%）	二产业（%）	三产业（%）	人均值（元）	一产业（%）	二产业（%）	三产业（%）	人均值（元）	比国家（%）	占国家（%）
1952	50.96	20.88	28.16	118	67.45	16.59	15.96	91	0.768	6.45
1960	23.59	44.47	31.94	220	28.88	43.53	27.59	138	0.625	4.90
1970	35.40	40.34	24.26	272	41.35	42.52	16.13	196	0.72	5.59
1980	30.17	48.22	21.60	461	36.43	50.02	13.55	400	0.869	6.43
1990	27.12	41.34	31.54	1 633	28.14	42.08	29.77	1 779	1.09	8.10
2000	14.70	45.50	39.80	7 942	15.22	49.95	34.84	9 267	1.184	8.40
2001	14.00	44.80	41.20	8 717	14.79	49.55	35.67	10 195	1.17	8.39
2002	13.30	44.50	42.20	9 506	13.53	50.46	36.01	11 340	1.193	8.54
2003	12.30	45.60	42.00	10 666	12.26	53.69	34.05	13 268	1.244	8.89
2004	12.90	45.90	41.20	12 487	11.84	56.44	31.72	16 413	1.314	9.40
2005	11.60	47.00	41.30	14 368	10.69	57.05	32.26	19 934	1.387	9.93
2006	10.60	47.60	41.80	16 738	9.77	57.42	32.82	23 603	1.41	10.12
2007	10.30	46.90	42.90	20 505	9.73	56.82	33.44	27 604	1.346	9.70
2008	10.30	46.90	42.80	24 121	9.71	56.81	33.49	32 936	1.365	9.85

年份	山东省GDP结构与人均值				国家GDP结构与人均值				山东省对比国家	
	一产业（%）	二产业（%）	三产业（%）	人均值（元）	一产业（%）	二产业（%）	三产业（%）	人均值（元）	比国家（%）	占国家（%）
2009	9.80	45.90	44.30	26 222	9.52	55.76	34.72	35 894	1.369	9.94
2010	9.50	46.40	44.10	30 876	9.16	54.22	36.62	41 106	1.331	9.76
2011	9.40	46.40	44.20	36 403	8.76	52.95	38.29	47 335	1.3	9.59
2012	9.40	45.30	45.30	40 007	8.56	51.46	39.98	51 768	1.294	9.26
2013	9.30	44.00	46.70	43 852	8.27	49.69	42.04	56 885	1.297	9.28
2014	9.10	43.10	47.80	47 203	8.07	48.44	43.48	60 879	1.29	9.23
2015	8.80	40.90	50.20	50 251	7.90	46.80	45.30	64 168	1.277	9.14
2016	8.60	39.80	51.60	53 980	7.30	45.40	47.30	68 733	1.273	9.18

资料来源：《山东统计年鉴》《国家统计年鉴》。

1952年山东省第一产业比重高达67.45%，第二产业与第三产业的比重分别只有16.59%、15.96%；同期山东省的产业结构比国家产业结构还要落后，山东省人均GDP只有国家的76.8%，GDP占国家比重为6.45%。1960年国家与山东省第一产业的发展均遭遇倒退，第一产业占比大幅下降；同时，山东省人均GDP下降为国家的62.5%，GDP占国家比重下降为4.9%。1970年山东省的产业结构基本与国家同步；1990年山东省的产业结构已经领先国家；同时，山东省人均GDP超过国家人均GDP，GDP占国家比重也上升为8.1%。此后，山东省经济增速领先国家经济发展，至2006年，山东省经济发展相对于国家经济的优势达到了顶点。1952年山东省第一产业比重降到10%以下，略低于国家第一产业的比重；第二产业的比重高达57.42%，比国家第二产业的比重高9.47个百分点；但第三产业比重相比国家的比重降低9.39个百分点。2006年山东省人均GDP是国家GDP的1.41倍，GDP占国家比重为历史最高值10.12%。与国家相比，山东第二产业的比重明显偏高，是工业大省。1960—2006年，山东省人均GDP从追赶国家一直到领先国家，并达到最高值。

2006年之后，山东省GDP相对于国家的优势缓慢下降，至2016年，山东省人均GDP降为国家值的1.273倍，GDP占国家比重也下降为9.18%。尽管山东省GDP相对于国家的优势缓慢下降，但山东省人均GDP相对于国家仍有明显的优势，GDP占国家的比重也高于9%。相对于国家，山东第二产业优势明显，在第三产业发展潜力巨大。

1.6.2　17地市经济格局状况

自1995年以来，山东省各市GDP都处于稳步增长的阶段，其增量在各市差异明显，增长率的差异更为明显，总的来看其增速变化还是有规律可循的，其变化大致经历4个阶段。

第一阶段，1995—1998年呈增长减缓趋势。尤其是在1998年，菏泽、潍坊、莱芜、枣庄、威海等城市甚至出现了环比增长率为负的情况。在这一阶段，增长率降幅最大的为潍坊市，达30%，其次为威海市，达20%。

第二阶段，1998—2000年呈现反弹，经历了短暂的增长加快过程。除聊城市之外大部分城市都有增长率走高的特点，摆脱了经济低迷期，增幅最大的东营市在2000年的增长率较1999年高出33个百分点。

第三阶段，2000—2002年是一个较低水平平稳增长过程。大部分城市增长都维持在2000年前后的水平，增幅不大。但也有例外，如聊城市依然延续第二阶段增长率走高势头，东营市则有一定的起伏。

第四阶段，2003年以来则具有加快与放缓交替出现的特征。这一时间段内，各城市增长率起伏不定，起伏周期也有一定差异。

仍然选取1995年、2000年、2005年和2016年为主要研究时间点来对山东省经济总量格局特征简要说明，各年份GDP总量及比例如表1-12所示。

表1-12 山东省17地市GDP、比例及其增速

地区	1995年		2005年		2016年		1995—2005年	2005—2016年
	GDP (亿元)	比例 (%)	GDP (亿元)	比例 (%)	GDP (亿元)	比例 (%)		
济南市	481.5	9.43	1 876.6	9.82	6 536.1	9.72	14.57	13.29
青岛市	642.0	12.57	2 695.8	14.10	10 011.3	14.89	15.43	14.02
淄博市	404.5	7.92	1 431.0	7.49	4 412.0	6.56	13.47	11.92
枣庄市	169.6	3.32	633.4	3.31	2 142.6	3.19	14.08	12.96
东营市	229.3	4.49	1 166.1	6.10	3 479.6	5.18	17.66	11.55
烟台市	575.7	11.27	2 012.5	10.53	6 925.7	10.30	13.33	13.15
潍坊市	530.0	10.38	1 471.2	7.70	5 522.7	8.22	10.75	14.14
济宁市	368.2	7.21	1 266.3	6.62	4 301.8	6.40	13.15	13.01
泰安市	205.2	4.02	855.7	4.48	3 316.8	4.93	15.35	14.51
威海市	336.7	6.59	1 169.8	6.12	3 212.2	4.78	13.26	10.63
日照市	114.5	2.24	426.5	2.23	1 802.5	2.68	14.06	15.50
莱芜市	69.2	1.35	256.3	1.34	702.8	1.05	14.00	10.61
临沂市	311.8	6.10	1 211.6	6.34	4 026.8	5.99	14.54	12.76
德州市	184.4	3.61	831.8	4.35	2 933.0	4.36	16.26	13.43
聊城市	164.5	3.22	693.1	3.63	2 859.2	4.25	15.47	15.22
滨州市	151.8	2.97	667.3	3.49	2 470.1	3.67	15.96	13.98
菏泽市	168.5	3.30	450.9	2.36	2 560.2	3.81	10.34	18.97

资料来源：《山东统计年鉴》。

1995年市域GDP第1位的青岛市占全省GDP总量的12.6%，排在前5位的青岛、烟台、潍坊、济南、淄博占51.6%，其中，青岛和烟台的核心地位非

常明显；后5位的菏泽、聊城、滨州、日照、莱芜占13.09%。

2005年市域GDP第1位的青岛市占全省GDP总量的14.89%，较之前又有所增大；排在前5位的青岛、烟台、济南、潍坊、淄博占49.6%，降幅较大；后5位的滨州、枣庄、菏泽、日照、莱芜占12.73%。

2016年市域GDP第1位的青岛市占全省GDP总量的14.1%，与2005年基本持平；排在前5位的青岛、烟台、潍坊、济南、淄博占49.7%，后5位的聊城、枣庄、菏泽、日照、莱芜占14.4%。排名后5位的区域GDP占比有明显提高。

从经济总量上看，1995—2016年，包括青岛、烟台、潍坊、济南和淄博在内济南—青岛一线城市GDP始终位于全省前列，构成了山东省主要经济带，并以青岛和烟台为主要集中点，济宁、淄博、潍坊、威海为次一级集中点；其他省地市在全省经济中所占比重较小；济南—青岛一线城市占全省GDP的比重略有下降的同时，青岛市比重在逐渐上升，在整个变化过程中经济总量存在由地区集中向地市集中的演变趋势。

济南—青岛一线地市与南部和西北部地市之间存在明显的等级关系。济南—青岛一线地市GDP总额在全省的比重一直在50%左右；之后为靠近这一经济轴线的地市，如济宁、东营、威海、临沂、泰安等；其他更外围的城市则构成了第三层级。

从GDP增速看，1995—2005年，GDP增速超过17%的有东营市，超过16%的有德州市，超过15%的有滨州市、聊城市、青岛市、泰安市，超过14%的有济南市、临沂市、枣庄市、日照市、莱芜市，超过13%的有淄博市、烟台市、威海市、济宁市，增速最低的潍坊市、菏泽市增速不足11%。增速超过全省平均水平的有东营市、德州市、滨州市、聊城市、青岛市、泰安市、济南市、临沂市8个地市。

2005—2016年GDP增速超过17%的有菏泽市，超过14%的有日照市，超过13%的有聊城市、泰安市，超过12%的有潍坊市、青岛市、滨州市、德州市、济南市，超过11%的有烟台市、济宁市、枣庄、临沂市，超过10%的有淄博市、东营市，增速最低的威海市增速不足10%。增速超过全省平均水平的有菏泽市、日照市、聊城市、泰安市、潍坊市、青岛市、滨州市、德州市8个地市。

1995年以来山东省各市人均GDP也处于稳步增长的阶段。半岛地区城市人均GDP在全省位居前列，经济总量最高的青岛市人均GDP在全省并非最高，而只处于中上游水平；经济总量处在中游的东营和威海两市反而一直雄踞全省前2位。

排名第1的东营市与其他城市的差值和比值均呈上升趋势，表现最为明显的是菏泽市。2005年东营市与各城市比值普遍达到最大。

依然选取1995年、2005年和2016年为主要研究时间点，人均GDP等级分布变化如表1-13所示。

表1-13　山东省17地市人均GDP及其相对差距

1995年		2005年		2016年		相对差距（%）		
地区	人均GDP（元）	地区	人均GDP（元）	地区	人均GDP（元）	1995年	2005年	2016年
东营市	13 976	东营市	64 606	东营市	164 024	0	0	0
威海市	13 861	威海市	46 941	威海市	114 220	−0.82	−27.34	−30.36
淄博市	10 269	青岛市	36 450	青岛市	109 407	−26.52	−43.58	−33.30
青岛市	9 377	淄博市	34 348	烟台市	98 388	−32.91	−46.83	−40.02
烟台市	9 121	济南市	31 726	淄博市	94 587	−34.74	−50.89	−42.33
济南市	8 884	烟台市	31 076	济南市	90 999	−36.43	−51.90	−44.52
潍坊市	6 453	莱芜市	21 724	山东省	67 706	−53.83	−66.37	−58.72
山东省	5 880	山东省	19 116	滨州市	63 745	−57.93	−70.41	−61.14
莱芜市	5 791	滨州市	17 976	日照市	62 357	−58.56	−72.18	−61.98
枣庄市	4 932	潍坊市	17 621	潍坊市	59 275	−64.71	−72.73	−63.86
济宁市	4 833	枣庄市	17 243	泰安市	59 027	−65.42	−73.31	−64.01
日照市	4 524	济宁市	15 755	枣庄市	54 984	−67.63	−75.61	−66.48
滨州市	4 309	日照市	15 715	济宁市	51 662	−69.17	−75.68	−68.50
泰安市	3 896	泰安市	15 538	莱芜市	51 533	−72.12	−75.95	−68.58
德州市	3 547	德州市	15 053	德州市	50 856	−74.62	−76.70	−68.99
临沂市	3 226	聊城市	12 171	聊城市	47 624	−76.92	−81.16	−70.97
聊城市	3 003	临沂市	11 898	临沂市	38 803	−78.51	−81.58	−76.34
菏泽市	2 068	菏泽市	5 090	菏泽市	29 904	−85.20	−92.12%	−81.77

资料来源：根据《山东统计年鉴》计算。

表1-13中的相对差距是各地市人均GDP与最高值之差与最高值的比值。1995年各地市人均GDP划分为5类，高水平类型区包括东营市、威海

市，中高水平类型区包括淄博市、青岛市、烟台市、济南市，中等水平类型区包括潍坊市、莱芜市，较低水平类型区包括枣庄市、济宁市、日照市、滨州市，低水平类型区包括泰安市、德州市、临沂市、聊城市、菏泽市。

1995年，人均GDP最高的东营市与排名第2位的威海市相差无几，接近1.4万元，这两个地市与其他地市相比优势明显，其人均值为济南市和潍坊市的1.57倍和2.16倍，与位于最后一位的菏泽市相比差距较大，为6.75倍。总体来看，1995年山东省17地市人均GDP空间分布是以东营、威海两市为峰顶，东线烟台、青岛，中线淄博、济南为坡地；潍坊市为两山之间的鞍部；莱芜是济南、淄博之间的一个小鞍部；东营、济南之间的滨州市是一个洼地；潍坊、青岛南部的日照是一个洼地；济宁、枣庄是另一个洼地；德州、聊城、泰安、菏泽、临沂5地市则为全省人均GDP的谷底地区。

2005年，东营市人均GDP依然是全省最高，超过6万元，与威海、淄博和青岛的比值还维持2以下，与其他地市均已突破2，其中与菏泽的比值依然最大为10.76。人均经济分布格局继续向西南倾斜。2005年各地市人均GDP高水平类型区依然是东营市、威海市，中高水平类型区包括淄博市、青岛市、烟台市、济南市，中等水平类型区包括滨州、枣庄、潍坊市、莱芜市，较低水平类型区包括济宁市、日照市、泰安市、德州市，低水平类型区包括临沂市、聊城市、菏泽市。其中类型发生变化的是滨州、枣庄，由较低水平上升为中等水平，泰安市、德州市由低水平类型区上升为较低水平类型区。

2005年，山东省17地市人均GDP空间格局与1995年类似，局部有所变化。2005年17地市人均GDP空间分布是仍然是以东营、威海两市为峰顶，东线烟台、青岛，中线淄博、济南为坡地；潍坊市为两山之间的鞍部；莱芜是济南、淄博之间的一个小鞍部；东营、济南之间的滨州市由洼地演变成为一个鞍部；枣庄则演变为济宁、临沂两洼地之间的小高地；潍坊、青岛南部的日照是一个洼地；济宁、泰安是另一个洼地；德州也演化为一个洼地，聊城、菏泽、临沂3地市则为全省人均GDP的谷底地区。

2016年，东营市人均GDP依然是全省最高，超过16万元，排名第2位的威海市11.42万元，与东营市的差距是5万元。与2005年对比，东营市人均GDP与其他地市的差距明显扩大。2016年各地市人均GDP高水平类型区是东营市，中高水平类型区包括威海市、青岛市、烟台市、淄博市、济南市，中等水平类型区包括滨州市、日照市、潍坊市、泰安市，较低水平类型区包括枣庄市、济宁市、莱芜市、德州市，低水平类型区包括聊城市、临沂市、菏泽市。其中类型发生变化的是威海由高水平类型区下降为中高水平类型区，日照市、泰安市由较低水平类型区上升为中等水平类型区，莱芜、枣庄由中等水平类型区下降为较低水平类型区。

2016年17地市人均GDP空间格局是东营为孤立最高峰，东线威海、烟台、青岛为次高峰，中线淄博、济南为坡地；潍坊市仍为鞍部；泰安演变为济南、淄博坡前的鞍部；滨州市仍为东营、济南之间的鞍部；德州、莱芜、济宁、枣庄为洼地；日照由洼地演变为台地；聊城、菏泽、临沂3地市则为全省人均GDP的谷底地区。

山东省17地市人均GDP的绝对差距是不断扩大的，这是不好的趋势；从相对差距看，1995年的差距是3个年份中的最小值，2005年是最大值，2016年又明显下降，但还是大于1995年的相对差距。总体上，山东省17地市人均GDP的差距是逐步扩大的趋势。

2 山东省经济格局特点及演变趋势分析

2.1 相关研究概述

区域经济的空间结构是指影响区域经济发展的各要素在特定区域的空间分布、要素组合状况及其功能联系。研究一个区域的经济空间结构，揭示区域经济发展的过程及其作用机制，可为区域经济发展提供指导与借鉴。在这一传统思维之外，人们可以根据空间分析判断经济活动的空间形态，判断要素组合状况及其功能，探究影响区域结构的因素；然后再建立适合本区域的空间结构理论。在古典区位论基础上，美国与欧洲学者提出了现代空间结构理论和"空间经济学"的概念。此后陆续出现了许多新的区域经济空间结构演化的理论，包括增长极理论、循环累积因果理论、核心边缘理论、倒"U"形理论和不平衡增长理论等。20世纪80年代以来，空间结构研究进入了新空间经济学阶段。主要理论和观点有新产业空间理论、新区域经济发展理论和新经济地理学等。基于不完全竞争、报酬递增和市场外部性等概念所构建的新经济地理模型，将空间因素纳入西方主流经济学的分析框架中形成了广受关注的新经济地理学。

早期关于山东省区域经济空间结构的研究主要集中于山东省区域经济差异，后来对山东省经济空间结构的研究逐渐成为主流。区域差异只是区域结构的一个侧面，而空间结构则涵盖了包括区域差异在内的更加全面和丰富的内涵。在此追溯关于山东省经济空间结构研究有代表性的观点和结论。

代合治和陈秀洁（2003）以山东省61县31县级市、17地级市为单元，运用定量方法系统分析2000年山东省经济空间差异现状及演变趋势，认为全省经济发展总体水平中高，但尚存在1/3以上的欠发达县域，且地区差距还在不断扩大；经济发展水平宏观上东高西低，但微观上错综复杂，城市地区、铁路沿线、沿海地带显著高于内陆县域，城市型县域显著高于乡村型县域，点—轴格局比较突出。

覃成林和吕化霞（2008）对1990—2004年山东经济空间分异的型式和成因进行研究，认为在地市层次上，山东形成了由青岛—烟台—威海、济南—淄博—东营经济增长核心区，鲁中南、鲁西北边缘区组成的多元核心—边缘结构。在县域层次上，形成了沿海、沿黄两条经济密集带以及鲁南增长极。这两条经济密集带构成了主导县域经济空间分异的斜"n"形格局。鲁南增长极使这种格局发生了局部改变。

单宝艳（2009）选取10项统计指标用主成分分析反映各区域经济发展水平，构建了山东省区域经济发展水平的马尔可夫转移概率矩阵和空间马尔可夫转移概率矩阵，将区域经济发展的时间特征和空间特征结合在一起，探索山东省区域经济时空演变动态特征，发现除个别区域外，近发达者越发达，近落后者越落后，但是不排除有某些情况不同。

程钰、任建兰和王亚平（2012）以山东省17地市为单元，在系统评价的基础上总结山东省区域发展的空间分异特征，将山东省划分为六大类区域，并针对不同区域类型从经济转型、产业发展、环境保护、区域一体化等角度提出战略性对策。

肖燕和孙壮（2012）利用山东省2003—2009年县（市）人均生产总值等经济数据，借助SuperMap的GIS空间分析功能分析山东省区域经济发展状况。结果表明，山东省近7年间县域人均收入分布明显不均匀，呈现不利于经济长期持续发展的单峰分布状态，区域间的人均生产总值差距逐渐增加，人均生产总值与地理区位、资源分布和交通线路的分布有较大相关性。

刘玉、潘瑜春和陈秧分（2012）以109个县（市）为基本单元，从经济发展水平、发展活力和发展潜力3个方面进行县域经济综合发展水平评价，并应用ESDA分析1990—2008年山东省经济时空动态。结果表明，山东经济快速发展，经济差异先扩大再缩小，但整体变化较小；市辖区的发展速度明显快于其他地区，平原区发展缓慢；鲁东和鲁中地区的发展水平高、速度快，经济发展重心向东北部偏移；县（市）经济发展空间自相关显著，高—高集聚区集中分布在山东半岛，低—低集聚区主要分布在鲁西南黄淮平原区和鲁中南山地丘陵区，东西差异仍是导致山东省内经济差异的主要因素。

上述研究从采用传统方法进行分析发展到借助计算机软件进行空间分析，有助于认识山东经济空间格局状况及区域空间联系和空间结构的演变，提供了本研究的理论支撑和实践依据。总体而言，上述研究中的实证研究大多是基于统计数据的分析，未能在现实的地理空间实地感知特定区域的特征，因而不是真正的实证研究，其分析结果的正确性与准确性有待于进一步实证检验，其发展对策也值得商榷。具体而言，有以下几个方面的不足。

第一，对经济发展水平的评价只是省内区域间的相对评价，没有令人信服的明确的参照区域进行对比评价，因而不能准确衡量区域发展水平。

第二，大多统计区域单元地级市和县级区域混合，虽然覆盖山东全境，但在级别上不连续，掩盖了49个区内部的发展分化；个别统计以17地级市为单元，不能反映县级区域的发展分化，是空间格局的概貌。

第三，对山东省经济发展水平的空间特征模型总结理想化、简单化；或总结不具体、动态特征总结不足；或仅有统计结果，没有特征总结。

第四，发展水平指标的选取存在重复，代表性和可比性不强，或指标过于单一，造成区域间对比缺乏客观性。

2.2　研究思路

本章节基于县级区域，选择人均地区生产总值、人均地方财政收入值和农民人均纯收入值作为基本数据。根据各指标与国家均值比值的大小对山东省所有县（市）进行分类，总结两个年份3项指标的格局特点。为了进一步分析3项指标各自的演化趋势，还要分析其增长速度，结合当前的水平格局与速度格局分析其演化趋势。最后，把人均地区生产总值、人均地方财政收入、农民人均纯收入3个指标权重赋值分别为0.4、0.3、0.3。分别用各指标得分乘以相应权重，得到各指标分项目得分，把各区域在3个指标上的分项目得分求和得到各个县级区域经济发展水平的总得分。从省内区域间的相对评价和与国家对比的绝对评价两个方面准确衡量区域发展水平，全面、客观评价全省县级区域（市辖区、县级市、县）的经济发展水平，在完全县级区域单元上总结山东区域经济空间格局的时空演变特征。为总体、全面、客观认识山东经济格局的时空演变，把握经济总体趋势，制定适时、有针对性的区域规划与政策调整提供理论和实践支持。

2013年8月28日，山东省人民政府印发《西部经济隆起带发展规划》，该规划旨在加快西部地区发展，优化山东全省经济空间格局。区域经济的空间结构是指影响区域经济发展的各要素在特定区域的空间分布、组合状况及其功能联系。根据空间分析判断经济活动的空间形态,判断要素组合状况及其功能,揭示区域经济发展的过程及其作用机制,可为区域的空间结构调整策略提供指导与借鉴,可对现有规划的合理与否提供判断依据。本部分选择人均地区生产总值、人均地方财政收入、农民人均纯收入3个指标,与同期全国发展作对比,从省内区域间的相对评价衡量区域发展水平,评价全省所有县级区域的经济发展水平,分别总结山东省2005年、2016年人均GDP、人均地方财政收入、农民人均纯收入的水平格局和区域发展速度格局,再分析西部经济隆起带范围内60个县(区)的2002—2013年发展水平和发展速度格局,研究山东省西部经济隆起带的规划范围是否合理,其经济发展目标的制定是否具有可行性。

本研究数据来源于《山东统计年鉴2006》《山东统计年鉴2017》《山东统计年鉴2006》《潍坊统计年鉴2017》。为了使各项指标有对比意义,在此采用同期各项指标的均值为对照值,使之在能够反映省内各县级区域间相对变化的同时,也能与国家水平进行对比。为了利于相互比较,首先对人均地区生产总值、人均地方财政收入、农民人均纯收入采用国家值对比进行标准化。根据比值的大小对山东省所有县(市)的人均地区生产总值、人均地方财政收入和农民人均纯收入进行分类,总结两个年份3项指标的格局特点。为了进一步分析3项指标各自的演化趋势,还要分析其增长速度,结合当前的水平格局与速度格局可以分析其演化趋势。

最后,把人均地区生产总值、人均地方财政收入、人均农纯收入3个指标权重赋值分别为0.4、0.3、0.3。分别用各指标得分乘以相应权重,得到各指标分项目得分,把各区域在3个指标上的分项目得分求和得到各个县级区域经济发展水平的总得分。

为了评价的公允性,客观分析2005—2016年山东省各县级区域的经济发展速度,仍选用人均地区生产总值、人均地方财政收入、农民人均纯收入这3个指标,并采用式(2-1)进行处理。

$$V_i = \sqrt[11]{\frac{X_i}{Y_i}} - 1 \qquad (2\text{-}1)$$

式中,V_i为i区域2005—2016年经济发展的速度;X_i为2016年i区域的人均地区生产总值(即人均GDP)、人均地方财政收入、农民人均纯收入;Y_i为2005年i区域的人均地区生产总值(即人均GDP)、人均地方财政收入、农民人均纯收入，由此得出山东省2005—2016年各县级区域的经济发展速度。

为了利于综合比较各县（市）的经济增速，还可以计算各县（市）3项指标的总增长速度。对计算出的人均地区生产总值增速、人均地方财政收入增速、农民人均纯收入增速再采用式（2-2）处理。

$$v = \sqrt[3]{v_{i1}v_{i2}v_{i3}} \qquad (2-2)$$

式中，v为i区域2005—2016年经济发展速度的标准化值，实际上是3项增速的合成值。v_i为i区域2005—2016年的人均地区生产总值增速（v_{i1}）、人均地方财政收入增速（v_{i2}）和农民人均纯收入增速（v_{i3}）。合成增速值作为分析山东省2005—2016年发展速度格局以及未来经济格局演化趋势判断的依据。

2.3 山东省人均GDP的时空格局演变

把山东省县级区域人均GDP水平划分为5个级别。以各县（市）人均GDP数值对比国家GDP值，比值>2为高水平组，比值介于1.6～2.0为中高水平组，比值介于1.2～1.6为中等水平组，比值介于0.8～1.2为较低水平组，比值<0.8为低水平组。山东省2005年、2016年县级区域人均GDP水平分组及各级别组县（市）数目见表2-1。

表2-1 山东省2005年、2016年县级区域人均GDP划分

级别	2005年			2016年		
	绝对值（元）	相对比值	数目	绝对值（元）	相对比值	数目
高水平	>28 000	>2	28	>100 000	>2	28
中高水平	20 000～28 000	1.6～2.0	12	80 000～100 000	1.6～2.0	17
中等水平	11 000～20 000	1.2～1.6	22	60 000～80 000	1.2～1.6	25
较低水平	11 000～20 000	0.8～1.2	37	40 000～60 000	0.8～1.2	30
低水平	<11 000	<0.8	38	<40 000	<0.8	37

从表2-1可知，2005—2016年，山东省各县（市）人均GDP获得了长足提高。从县（市）在各个级别组的分布分析，两个年份的人均GDP都属于不均衡分布的状态。总体而言，均是中等水平组数目不足，中高水平组严重

不足，较低水平组与低水平组县（市）数目严重偏多的状态。也有一些向好的变化，那就是中高水平组与中等水平级别县（市）的数目有所增加，相应的，较低水平组县（市）数目明显减少，低水平组县（市）数目减少1个。

依据对两个年份山东省各县级区域人均GDP水平的划分，得到山东县级区域经济发展水平图，见彩图2-1、彩图2-2，由此可以清楚看到山东省区域经济的演变趋势。

2005年山东省经济水平格局可划分为7个区域。最东是半岛高水平区，往西是半岛中等水平区，再向西是济南—淄博较高水平区，这3个区域南部是环临沂较低水平区，环临沂较低水平区西部是济宁中等水平区，邻近济宁中等水平区的是菏泽低水平区，济南—淄博较高水平区西邻鲁西较低水平区（彩图2-1）。

2016年人均GDP格局与2005年基本相同，但在局部地区有一些变化。好的变化有以下方面：一是滨州渤海湾的庆云县、无棣县、河口县3个县的水平提高；二是鲁西的高唐县、茌平县、禹城市、齐河县连成一个局部中等发展水平区，但济南的个别县区由高水平演变为中高水平类型。半岛沿海高水平区寒亭区、福山区、芝罘区水平上升，而威海的环翠区、乳山区水平下降。两个年份山东省经济空间分异格局总体框架相似，半岛—内陆分异比较明显（彩图2-2）。

对比两个年份各县市人均GDP水平类型的变化，统计其数量比例特点，可以分析山东省各地市人均GDP水平演变的数量关系及区域格局趋势，见表2-2。

表2-2　山东省2005—2016年县级区域人均GDP水平类型变化

地区	高水平	中高水平	中等水平	较低水平	低水平	
济南市	3（3）	3（3）	2（1）	2（2）	0（1）	10
青岛市	6（7）	3（2）	1（1）	0（0）	0（0）	10
淄博市	6（4）	0（2）	0（1）	2（1）	0（0）	8
枣庄市	0（0）	0（0）	2（1）	3（4）	1（1）	6
东营市	2（3）	1（1）	1（1）	1（0）	0（0）	5
烟台市	5（6）	1（1）	3（2）	3（3）	0（0）	12
潍坊市	0（1）	0（0）	4（6）	6（2）	2（3）	12
济宁市	1（0）	1（2）	2（2）	2（1）	5（6）	11
泰安市	0（0）	0（2）	2（0）	0（3）	4（1）	6

地区	高水平	中高水平	中等水平	较低水平	低水平	
威海市	3（2）	0（1）	1（0）	0（1）	0（0）	4
日照市	0（1）	0（0）	1（0）	1（2）	2（1）	4
莱芜市	1（0）	0（0）	0（2）	1（0）	0（0）	2
临沂市	0（0）	2（0）	0（2）	1（0）	9（10）	12
德州市	0（0）	0（0）	1（4）	8（7）	2（0）	11
聊城市	0（0）	0（2）	1（0）	4（3）	3（3）	8
滨州市	1（1）	1（1）	1（2）	2（1）	2（2）	7
菏泽市	0（0）	0（0）	0（0）	0（0）	9（9）	9

　　表2-2中每一列的第一个数值是2005年的数据，括弧内的数值是2016年的数据。两个年份的数据对比可以反映各地市人均GDP水平的变化，如济南市是轻度下降的变化，青岛市是轻度上升的变化，淄博市是明显下降的变化。可以看出，青岛、东营、烟台、潍坊、德州、泰安、聊城、滨州有不同程度的提升。各县（市）具体的变化是：历城区、乳山市、博山区、淄川区、钢城区由高水平降为中高水平；即墨市、槐荫区、河口区由中高水平升为高水平；兰山区、罗庄区由中高水平降为中等水平；高唐县由中等水平上升为中高水平；长清区由中等水平降为较低水平；利津县、肥城市由中等水平升为中高水平；环翠区、东港区由中等水平降为较低水平；坊子区由中等水平降为低水平；福山区由中等水平区升为高水平；莱阳市、任城区、台儿庄区、新泰市、宁津县由中等水平降为较低水平；岚山区由较低水平跃升为高水平；武城县、微山县、青州市、无棣县、禹城市、莱城区、高密市、芝罘区由较低水平升为中等水平；寒亭区由较低水平跃升为高水平；东营区、潍城区、齐河县由较低水平升为中等水平；茌平县由较低水平跃升为中高水平；庆云县、高青县由较低水平升为中等水平；蒙阴县、商河县、东昌府区、鱼台县由较低水平降为低水平；乐陵市、德城区、宁阳县、阳谷县、东平县由低水平升为较低水平。

　　有48个县（市）的人均GDP水平发生了变化，占所有县（市）数目总量的35%。其中，有21个县（市）的水平级别下降，有27个县（市）的水平级别上升。在水平级别下降的县（市）中，有1个县（市）由高水平类型演变为中等水平类型，有5个县（市）由高水平类型演变为中高水平类型，2个县

（市）由中高水平类型演变为中等水平类型，8个县（市）由中等水平演变为较低水平，1个县（市）由中等水平演变为低水平，4个由较低水平演变为低水平。在水平上升的县（市）中，有3个县（市）由中高水平演变为高水平，两个县（市）由中等水平演变为中高水平，1个县（市）由中等水平演变为高水平，两个县（市）由较低水平演变为高水平，一个由较低水平演变为中高水平，12个县（市）由较低水平演变为中等水平，一个由低水平演变为中高水平，5个由低水平演变为较低水平。在所有发生变化的的县（市）中，42个县（市）是紧邻级别的演变，相差2个级别的有4个县（市），相差3个级别的有2个县（市），跨级别升降的县（市）数目都很少。

2.4　山东省农民收入的时空格局演变

　　党的十五届五中全会提出全面建设小康社会的战略目标。2003年7月28日，胡锦涛阐述"科学发展观"的战略，部署按照"五项统筹"的要求推进我国各项改革和建设事业。在党的十七大，"科学发展观"被写入党章。胡锦涛同志在党的十八大报告中指出我国新时期的任务是"全面建成小康社会"。提出实现城乡居民人均收入比2010年翻一番；统筹城乡发展是今后相当长时期我国面临的根本任务之一。研究区域农村经济发展空间格局演变能够对实现我国城乡协调、区域协调发展及解决"三农"问题提供可靠决策支持。本节计算各县（市）农村居民人均纯收入与同期全国农村居民人均纯收入均值和县（市）纯收入极大值对比，以各县（市）农村居民收入人均数值对比国家值，把所有县（市）农村居民收入水平划为5个级别。山东省2005年、2016年县级区域农村居民人均收入水平分组见表2-3。

表2-3　山东省2005年、2016年县级区域农民收入分级

级别	2005年			2016年		
	绝对值（元）	相对比值	数目	绝对值（元）	相对比值	数目
高水平	>5 200	>1.6	38	>19 780	>1.6	19
中高水平	4 550～5 200	1.4～1.6	25	17 300～19 780	1.4～1.6	18
中等水平	3 900～4 550	1.2～1.4	25	14 830～17 300	1.2～1.4	32
较低水平	3 250～3 900	1.0～1.2	39	12 360～14 830	1.0～1.2	30
低水平	<3 250	<1.0	10	<12 360	<1.0	38

从表2-3中的数据可知，2005—2016年，山东省各县（市）农民收入获得了长足提高。从县市在各个级别组的分布分析，两个年份的农村居民收入均属于不均衡分布的状态。2005年山东农村居民收入较之于国家而言有明显优势，2016年则明显有所下降。依据两个年份山东省各县级区域农村居民收入水平的划分，得到山东省县级区域农村居民收入水平图（彩图2-3和彩图2-4）。

2005年的农民人均收入格局明显地呈现出"一轴两翼一尾"的状态。"一轴"为高水平区域，从威海、烟台、潍坊、青岛、淄博延伸至济南。"两翼"是两个中等水平区域，分别是西北的东营、滨州、德州、聊城中等水平区与东南的临沂、枣庄、济宁中等水平区。"一尾"是菏泽低水平区域。

2016年的农民人均收入格局仍然延续了2005年的特点，但总体上是发展水平相对倒退，这是因为山东省农民收入相对国家而言的优势明显下降所致。"一轴"由高水平区域演变为中高水平区，而且在西端明显萎缩。"两翼"的发展水平也下降，并且在德州、聊城演化出了一个低水平区域，东南的临沂也演化出了一个水平区。对比两个年份各县（市）农村居民收入水平类型的变化，发现山东较之于国家而言，农民人均收入的优势过于明显。表2-4为山东省17地市农村居民收入的变化。

表2-4　山东省2005—2016年县级区域农村居民收入水平类型变化

地区	高水平	中高水平	中等水平	较低水平	低水平	
济南市	5（0）	5（3）	0（3）	0（4）	0（0）	10
青岛市	10（4）	0（5）	0（0）	0（1）	0（0）	10
淄博市	5（0）	1（2）	1（4）	1（2）	0（0）	8
枣庄市	0（0）	2（0）	2（0）	2（4）	0（2）	6
东营市	0（0）	2（1）	3（3）	0（0）	0（0）	5
烟台市	9（0）	2（9）	1（1）	0（2）	0（0）	12
潍坊市	5（0）	6（1）	1（10）	0（2）	0（3）	12
济宁市	0（0）	2（0）	5（1）	4（9）	0（1）	11
泰安市	0（0）	2（0）	2（2）	1（4）	1（0）	6
威海市	4（0）	0（2）	0（2）	0（1）	0（0）	4
日照市	0（0）	1（0）	3（0）	0（3）	0（1）	4
莱芜市	0（0）	2（0）	0（1）	0（1）	0（0）	2

（续表）

地区	高水平	中高水平	中等水平	较低水平	低水平	
临沂市	0（0）	0（0）	1（0）	11（1）	0（11）	12
德州市	0（0）	0（0）	4（0）	7（5）	0（6）	11
聊城市	0（0）	0（0）	0（0）	8（0）	0（8）	8
滨州市	0（0）	0（0）	2（1）	5（6）	0（0）	7
菏泽市	0（0）	0（0）	0（0）	0（0）	9（9）	9

　　与2005年对比，2016年山东省17地市农民人均收入均明显下降。共有108个县（市）的农村居民收入水平发生了变化，占所有县（市）数目总量的78.83%。其中，有105个县（市）的水平级别下降，有3个县（市）的水平级别上升。可见，山东省农民收入在2005年较之于国家均值优势明显，到2016年，其他省份农村居民收入的相对增速超过了山东省，因而导致2016年山东省各县（市）农民人均收入明显下降。

2.5　山东省人均地方财政收入的时空格局演变

　　把山东省县级区域人均地方财政收入水平划分为5个级别。以各县（市）人均地方财政收入值对比国家人均地方财政收入值，比值>1为高水平组，比值介于0.75～1.0为中高水平组，比值介于0.5～0.75为中等水平组，比值介于0.25～0.5为较低水平组，比值<0.25为低水平组。山东省2005年、2016年县级区域人均地方财政收入水平分组及各级别组县（市）数目见表2-5。

表2-5　山东省2005年、2016年县级区域人均地方财政收入级别划分

级别	2005年			2016年		
	绝对值（元）	相对比值	数目	绝对值（元）	相对比值	数目
高水平	>1 140	>1	26	>6 300	>1	38
中高水平	855～1 140	0.75～1.0	21	4 725～6 300	0.75～1.0	23
中等水平	570～855	0.5～0.75	29	3 150～4 725	0.5～1.0	18
较低水平	285～570	0.25～0.5	29	1 575～3 150	0.25～0.5	38
低水平	<285	<0.25	32	<1 575	<0.25	20

从表2-5的数据可知，2005—2016年，山东省各县（市）人均地方财政收入获得了很大地提高，超过人均GDP与农村居民收入的增速。从所有县（市）在各个级别组的分布分析，2005年分布比较均衡，相对低水平级别的组县（市）数稍多一些。2016年中等水平组数目不足，较低水平组数目与高水平组县（市）数目偏多的状态。分析两个年份的数目分布状况，高水平组县（市）的数目明显增加和低水平组县（市）数目明显减少是可喜的变化。

依据两个年份山东省各县级区域人均地方财政收入水平的划分，得到山东县级区域地方财政收入水平图（彩图2-5和彩图2-6）。

2005年的人均地方财政收入格局明显呈现"一轴两翼一足一尾"的状态。"一轴"为高水平区域，从威海、烟台、潍坊、青岛、淄博延伸至济南。"两翼"是两个中等水平区域，分别是西北的东营、滨州、德州、聊城北部中等水平区与东南的临沂、枣庄、济宁中等水平区。"一足"是自济南平阴县向东南经济宁延伸至枣庄的区域。"一尾"是菏泽与聊城南部低水平区域。

"一轴"指的是从半岛东段延伸至西的半岛高水平发展轴，其西边界限是自东营河口区、垦利区、东营，滨州博兴县，淄博桓台县，滨州邹平县，济南章丘区、天桥区、历下区、槐荫区，淄博博山区、淄山区、临淄区，东营市广饶市，潍坊寿光市、奎文区、坊子区、昌邑市、高密市、诸城市以东的所有区域。

西北翼为中等水平区，在核心轴西边济南长清区，聊城东阿县、茌平县、临清市以北的区域为鲁西北中等水平区。

"一足"为中高水平发展区，包括济南平阴县、泰安东平县、肥城市、宁阳县，济宁兖州区、曲阜市、任城区、微山县，枣庄市市中区、薛城区、峄城区、台儿庄区。西北翼与一足西边的区域是低水平的尾翼。高水平发展轴以南、中高水平发展足以东是东南较低水平发展翼。2005年的人均地方财政收入空间格局是一轴昂首阔步、西北翼振翅欲飞、东南翼明显沉重，一足比较有力，一尾十分沉重的格局。

2016年的人均地方财政收入格局基本与2005年相同，明显呈现"一轴两翼一足一尾"的状态，但局部有所变化。在高水平发展轴发生变化的是潍坊、烟台、青岛高水平县（市）数目增加，在济南南部扩展到泰山区和岱岳区。

"一轴"为高水平区域，从威海、烟台、潍坊、青岛、淄博延伸至济南。"两翼"是两个中等水平区域，分别是西北的东营、滨州、德州、聊城北部中等水平区与东南的临沂、枣庄、济宁中等水平区。"一足"是自济南平阴县向东南经济宁延伸至枣庄的区域。"一尾"是菏泽与聊城南部低水平区域。

西北翼中等水平区也是水平有所提升，无棣县、德城区、茌平县、东昌府区水平明显提升。西南尾部上升为较低水平区。东南翼总体水平也有明显的上升。中南部的"一足"较之于2005年而言水平有所下降。总体而言，2016年在"两翼""一尾""一轴"几个区域都有明显进步，仅"一足"进步不明显。

2016年人均地方财政收入空间格局是"一轴"愈加昂首阔步、西北翼振翅欲飞、东南翼明显轻快，"一足"比较有力，"一尾"十分沉重的格局。

对比两个年份各县（市）人均地方财政收入水平类型的变化，统计其数量比例特点，可以分析山东各地市人均地方财政收入水平类型演变的数量关系及区域格局趋势见表2-6。

表2-6　山东省2005—2016年县级区域人均地方财政收入水平变化

地区	高水平	中高水平	中等水平	较低水平	低水平	
济南市	3（5）	3（2）	1（2）	3（0）	0（1）	10
青岛市	7（9）	1（0）	2（1）	0（0）	0（0）	10
淄博市	3（3）	3（3）	2（2）	0（0）	0（0）	8
枣庄市	0（0）	0（0）	3（3）	2（2）	1（1）	6
东营市	2（3）	2（2）	0（0）	1（0）	0（0）	5
烟台市	4（7）	3（1）	4（1）	1（3）	0（0）	12
潍坊市	0（4）	5（4）	5（1）	1（3）	1（0）	12
济宁市	2（1）	1（2）	1（2）	1（5）	6（1）	11
泰安市	0（0）	0（1）	3（1）	3（2）	0（2）	6
威海市	4（3）	0（1）	0（0）	0（0）	0（0）	4
日照市	0（1）	0（1）	1（0）	2（1）	1（1）	4
莱芜市	0（0）	1（0）	0（1）	0（1）	1（0）	2
临沂市	0（0）	0（1）	2（1）	4（7）	6（3）	12
德州市	0（0）	0（1）	3（2）	5（5）	3（3）	11

（续表）

地区	高水平	中高水平	中等水平	较低水平	低水平	
聊城市	0（0）	1（2）	0（0）	3（4）	4（2）	8
滨州市	1（2）	1（2）	2（0）	2（2）	1（1）	7
菏泽市	0（0）	0（0）	0（1）	1（3）	8（5）	9

具体变化是周村区、乳山市、邹城市由高水平演变为中高水平；奎文区、槐荫区、寒亭区、福山区、即墨区、桓台县、广饶县、莱州市、寿光市、诸城市、天桥区由中高水平上升为高水平；东营区、钢城区、曲阜市由中高水平降为中等水平；坊子区、长岛县由中高水平迅速下降为较低水平；高唐县、临邑县、新泰市、莱阳市由中等水平下降为较低水平；宁阳县、宁津县、商河县、东平县、郯城县由较低水平降为低水平；莱城区、岱岳区、费县、郓城县、河东区、蒙阴县、嘉祥县、沂南县、鱼台县、金乡县、临朐县、庆云县、汶上县、阳谷县、梁山县、巨野县由低水平上升为较低水平；芝罘区、莱西市、东港区、滨城区由中等水平跃升为高水平；临沂市兰山区、无棣县、昌邑市、德州市德城区、烟台市牟平区、泰安市泰山区、高密市、潍坊市潍城区、青州市、平阴县由中等水平上升为中高水平；利津县、禹城市由较低水平上升为中等水平；济宁市任城区、日照市岚山区、茌平县由较低水平跃升为中高水平；聊城市东昌府区由低水平跃升为中高水平；菏泽市牡丹区由低水平升为中等水平；阳信县由低水平升为较低水平。

有66个县（市）的人均财政收入水平发生了变化，占所有县（市）数目总量的48.18%。其中，有17个县（市）的水平级别下降，有49个县（市）的水平级别上升。在水平级别下降的县（市）中，有3个县（市）由高水平类型演变为中高水平类型，有3个县（市）由中高水平类型演变为中等水平类型，有6个县（市）由中高水平类型演变为较低水平类型，5个县（市）由较低等水平演变为低水平。在水平上升的县（市）中，有11个县（市）由中高水平演变为高水平，4个县（市）由中等水平演变为高水平，10个县（市）由中等水平演变为中高水平，5个由较低水平演变为中高水平，1个县（市）由低水平演变为中高水平，1个县（市）由低水平演变为中等水平，17个县（市）由低水平演变为较低水平。在所有发生变化的的县（市）中，56个县（市）是紧邻级别的演变，10个县（市）的人均财政收入水平跨级别上升或者下降。

2.6 山东省县域经济水平的时空格局演变

因为同一县（市）的人均地区生产总值、人均地方财政收入、农民人均纯收入的相对水平并不相同，在此把3个指标权重赋值分别为0.4、0.3、0.3，分别用各指标相对水平得分乘以相应权重，把各区域分项得分求和得到各个县级区域经济发展水平的总得分。把各县（市）的人均地区生产总值增速（v_{i1}）、人均地方财政收入增速（v_{i2}）、农民人均纯收入增速（v_{i3}）再采用式（2-3）计算各县（市）县域经济的平均增速。

$$v = \sqrt[3]{v_{i1}v_{i2}v_{i3}} \qquad (2-3)$$

式中，v为i区域2005—2016年经济发展速度的标准化值，实际上是3项增速的合成值。v_i为i区域2005—2016年的人均地区生产总值增速、人均地方财政收入增速和农民人均纯收入增速。合成增速作为分析山东省2005—2016年发展速度格局以及未来经济格局演化趋势判断的依据。

2.6.1 山东省县域经济的时空格局

仍然把山东省县级区域经济水平划分为5个级别，以国家均值为对比，计算各县（市）的相对水平得分值，以相对水平值>1.6为高水平组，相对水平值介于1.3～1.6为中高水平组，相对水平值介于1.0～1.3为中等水平组，相对水平值介于0.7～1.0为较低水平组，相对水平值<0.7为低水平组。山东省2005年、2016年县级区域经济水平分组及各级别组县市数目见表2-7。

表2-7 山东省县级区域经济水平划分

级别	2005年			2016年		
	相对比值	数目	比例（%）	相对比值	数目	比例（%）
高水平	>1.6	29	15.33	>1.6	28	18.25
中高水平	1.3～1.6	12	20.44	1.3～1.6	18	21.90
中等水平	1.0～1.3	32	26.28	1.0～1.3	22	16.79
较低水平	0.7～1.0	40	18.98	0.7～1.0	37	19.71
低水平	<0.7	24	18.98	<0.7	32	23.36

从所有县（市）在各个级别组的分布分析，2005年的分布相对更加

不平衡。2005年较低水平级别县（市）数目最多，为40个，中等水平组县（市）32个，高水平组29个，低水平组县（市）数目均为24个，中高水平组县（市）12个。较低水平级别县（市）比例接近1/3，中高水平组比例不足1/10，是较低水平过多、中高水平过少的不平衡状态。

2016年中等水平县（市）数目下降了10个，中高水平组县（市）数目增加了6个，低水平县（市）数目增加了8个，较低水平县（市）数目下降了3个，高水平县（市）数目减少了1个。

2005年，中高水平与高水平比例之和为29.93%，2016年中高水平与高水平比例之和为33.58%，上升了3.65个百分点，这是好的一方面。2005年较低水平组与低水平组比例之和为43.80%，2016年上升为50.36%，上升了7.30个百分点。而中等水平级别比例下降了7.3个百分点。两个年份各水平组县（市）分布都不均衡，2005年是中高水平组县（市）数目明显偏少，较低水平组数目偏多；2016年则是中等水平组数目偏少，低水平、较低水平县（市）数目明显偏多。

依据两个年份山东省各县级区域经济水平的划分，得到山东县级区域经济水平图（彩图2-7和彩图2-8），对比可以清楚看到山东省区域经济的演变趋势。两个年份山东省经济空间分异格局总体框架相似，半岛—内陆分异比较明显。相对而言，2005年的经济格局是核心区比较分散，生长区在半岛地区，呈局部多中心叠加自半岛向内陆由高到低分化的格局。2005年经济发展水平空间格局可分为7个板块。分别是半岛高水平区、半岛中等水平区、济南—淄博—河口高水平区、鲁西北较低水平区、长清—济宁—枣庄中等水平区、冠县—菏泽低水平区、环临沂较低水平区。

最东的半岛高水平区，由青岛高水平区、威海高水平区、烟台高水平区所领导的半岛县市组成，分布在自北而南由莱州市、莱西市、即墨市、胶州市、黄岛区连线以东的区域。

半岛中等水平区包括潍坊寒亭区、昌邑市、潍城区、奎文区、坊子区、高密市、诸城市，青岛平度市，共8县（区）。

环临沂较低水平区包括潍坊青州市、昌乐县、临朐县、安丘市，淄博沂源县，莱芜莱城区，泰安泰山区、岱岳区、新泰市，济宁泗水县，临沂市全境，日照市全境。

济南—淄博—河口高水平区包括济南历下区、槐荫区、天桥区、历城区、章丘区，淄博市淄川区、张店区、博山区、临淄区、周村区、邹平县、桓台县，东营市河口区、垦利区、东营区、广饶县，潍坊寿光市。

鲁西北较低水平区包括东营市利津县，滨州市滨城区、惠民县、阳信县、无棣县、沾化县，淄博市高青县，济南市济阳县、商河县，德州市全境，聊城市临清市、高唐县、茌平县、东昌府区、东阿县。

冠县—菏泽低水平区包括聊城市冠县、莘县、阳谷县，泰安市东平县，济宁市梁山县、汶上县、嘉祥县、金乡县、鱼台县，菏泽市全境。

长清—济宁—枣庄中等水平区包括济南长清区，泰安平阴县、肥城市、宁阳县，济宁兖州区、曲阜市、任城区、邹城市、微山县，枣庄市全境。

2016年山东省经济水平格局与2005年格局基本相同，但在局部有明显变化。2016年经济发展水平空间格局可分为6个板块，分别是济南—淄博—河口—半岛高水平区、半岛中等水平区、鲁西北较低水平区、高唐—齐河—长清—济宁—枣庄中等水平区、冠县—菏泽低水平区、环临沂较低水平区。

一个明显的变化是莱州湾地区的奎文区、寒亭区水平提高，青岛平度市、潍坊诸城市水平提高，把原先的济南—淄博—河口高水平区域、半岛高水平区连接起来形成了一个更加广阔的济南—淄博—河口—半岛高水平区。此区域的增长点在河口区、莱州湾与胶州湾向内陆辐射的地区，尽管目前这几个增长点尚未完全达到高水平，但若不懈努力定能形成更大范围的济南—河口—半岛高水平区，这是一个明显利好的变化。

另一个利好的变化是长清—济宁—枣庄中等水平区范围有所扩大，从长清区向北延伸至高唐、齐河、茌平的鲁西地区，再向东南方向与原来的长清—济宁—枣庄中等水平区融合，尽管区域范围有所扩大，但水平有所下降，兖州区由高水平降为中高水平，邹城市由中高水平降为中等水平，枣庄市中区与台儿庄区由中等水平降为较低水平；任城区由中等水平降为较低水平。茌平、齐河由较低水平升为中等水平，平阴由中等水平升为中高水平。这一区域的发展水平基本未变。

鲁西北较低水平区减少了高唐、茌平、齐河3县（市），同时临邑、惠民县、阳信县发展水平下降一个级别，只有无棣县的水平上升一个级别，是水平轻微下降的区域。

冠县—菏泽低水平区变化最小，仅有菏泽的牡丹区由低水平区上升为较低水平区。

环临沂较低水平区是水平下降明显的一个区域，有11个县（市）的水平下降一个级别，由较低水平区域演变为低水平区域。

　　河口地区、莱州湾、胶州湾腹地是向上演化的态势，鲁西北延伸至菏泽市基本未变的态势，鲁西延伸至济宁、枣庄也是基本未变的态势，环临沂地区是向下演变的态势。若要均衡发展，要迫切巩固并提升高唐—济宁—枣庄发展轴，扶持枣庄—临沂—日照发展轴，在菏泽、聊城寻求点状突破。表2-8为山东省各地市县域经济发展水平发生变化情况。

表2-8　山东省2005—2016年县级区域经济水平变化

地区	高水平	中高水平	中等水平	较低水平	低水平	
济南市	3（4）	3（3）	2（0）	2（2）	0（1）	10
青岛市	7（8）	2（2）	1（0）	0（0）	0（0）	10
淄博市	5（3）	1（2）	0（1）	2（2）	0（0）`	8
枣庄市	0（0）	0（0）	3（1）	2（4）	1（1）	6
东营市	2（3）	1（1）	2（1）	0（1）	0（0）	5
烟台市	5（6）	2（2）	4（2）	1（2）	0（0）	12
潍坊市	0（1）	1（3）	8（4）	2（3）	1（1）	12
济宁市	1（0）	1（1）	3（3）	2（3）	4（4）	11
泰安市	0（0）	0（0）	2（2）	2（3）	2（1）	6
威海市	4（2）	0（2）	0（0）	0（0）	0（0）	4
日照市	0（0）	0（1）	2（1）	1（1）	1（1）	4
莱芜市	1（0）	0（0）	0（1）	1（1）	0（0）	2
临沂市	0（0）	1（0）	1（1）	7（1）	3（10）	12
德州市	0（0）	0（0）	1（1）	10（10）	0（0）	11
聊城市	0（0）	0（0）	1（2）	4（3）	3（3）	8
滨州市	1（1）	0（1）	2（2）	4（1）	0（2）	7
菏泽市	0（0）	0（0）	0（0）	0（1）	9（8）	9

　　具体而言，济南市槐荫区由中高水平演变为高水平；长清区由中等水平演变为较低水平；平阴县由中等水平演变为中高水平；商河县由较低水平演变为低水平。青岛即墨市由中高水平演变为高水平；平度市由中等水平演变为中高水平。淄博市博山区由高水平演变为中等水平；周村区由高水平演变为中高水平。枣庄市市中区与台儿庄区由中等水平演变为较低水平。东营市河口区由中高水平演变为高水平；利津县由中等水平演变为中高水平。烟台

市芝罘区由中等水平演变为中高水平；福山区由中等水平演变为高等水平；牟平区由中高水平演变为中等水平；莱阳市由中等水平演变为较低水平。潍坊市寒亭区由中等水平演变为高水平，坊子区由中等水平演变为较低水平；奎文区与诸城市由中等水平演变为中高水平。济宁市任城区由中等水平演变为较低水平；兖州区由高水平演变为中高水平；邹城市由中高水平演变为中等水平。泰安市泰安区由较低水平演变为中等水平；东平县由低水平演变为较低水平；新泰市由中等水平演变为较低水平。威海市环翠区与乳山市由高水平演变为中高水平。日照岚山区由中等水平演变为中高水平。莱芜钢城区由高水平演变为中等水平。临沂市兰山区由中高水平演变为中等水平；罗庄区由中等水平演变为较低水平；郯城县、沂水县、费县、平邑县、莒南县、蒙阴县、临沭县由较低水平演变为低水平；临邑县由中等水平演变为较低水平。德州市齐河县由较低水平演变为中等水平。聊城市茌平县由较低水平演变为中等水平。滨州市滨城区由中等水平演变为中高水平；惠民县、阳信县由较低水平演变为低水平；无棣县由较低水平演变为中等水平。菏泽市牡丹区由低水平演变为较低水平。

2.6.2 区域经济水平类型的演变特征

根据山东省两个年份各县级区域经济发展水平得分，标注137个县级区域在2005年、2016年的级别类型，归类统计2005—2016年两个时期5个级别区域数量的转移矩阵，根据转移数量矩阵得到转移概率矩阵，见表2-9。

表2-9 2005—2016年山东省各级别区域的演变矩阵

级别	高	中高	中	较低	低	高	中高	中	较低	低	2005
高	23	4	2	0	0	79.31%	13.79%	6.90%	0.00%	0.00%	29
中高	3	6	3	0	0	25.00%	50.00%	25.00%	0.00%	0.00%	12
中	2	8	13	9	0	6.25%	25.00%	40.63%	28.13%	0.00%	32
较低	0	0	4	26	10	0.00%	0.00%	10.00%	65.00%	25.00%	40
低	0	0	0	2	22	0.00%	0.00%	0.00%	8.33%	91.67%	24
2016	28	18	22	37	32	不变	65.69%	向上	13.87%	向下	20.44%

表2-9横行表示2005年的发展水平，纵列表示2016年的发展水平。对角线上的数据表示经济发展水平没有发生改变的县（市）数目；对角线上三角

的数据表示由该行所对应的区域类型下降为纵列对应的类型；对角线下三角
的数据表示由该行所对应的区域类型上升为纵列对应的类型。横行的比例表
示的是由2005年的同一级别类型演变为2016年各级类型的概率。对角线上
的比例为各级别未变的概率。

根据表2-9可以看出，山东省县级区域经济发展的转移特点。

第一，县级区域保持原来发展状态的概率最高。2005—2016年，在所
有的137个县（市）中，90个县（市）的发展水平保持未变，县级区域保持
原来经济发展水平的概率为65.69%。

第二，县级区域改变原来经济发展水平的概率其实不低。有47个县
（市）的发展水平发生了变化，占比为34.31%。在如此短暂的时期内能够
达到这么大的变动，从一个侧面说明山东省区域经济处在一种波动发展的过
程中。在发生变化的47个县（市）中，级别上升的县（市）有19个，占比为
13.87%，级别下降的县（市）有28个，占比为20.44%，水平相对下降的概
率明显高于上升的概率，表明山东省县域经济水平总体相对下降。

第三，低水平区域和高水平区域保持原来发展状态的概率最高。各水
平类型保持原来水平的概率由高到低依次是低水平类型91.67%，高水平类
型79.31%，较低水平类型65.00%，中高水平类型50.00%，中等水平类型
40.63%。中等水平类型与中高水平类型是容易发生变化的类型。

第四，发生变化的类型中，水平相近类型转化的概率高，跨级别转化的
概率低。在47个水平发生变化的县（市）中，43个县（市）的水平变化在相
邻级别间发生，占比91.49%，4个变化在不相邻级别发生，占比为8.51%。

从演变概率看，中等水平组是变化最大的组，由中等水平演变为较低
水平的概率为28.13%，演变为中高水平的概率为25.0%，演变为中高水平
的概率为6.25%。在中高水平级别中，由中高水平演变为高水平的概率为
25.0%，演变为中等水平的概率为25.0%。在较低水平组中，演变为低水平
的概率为25.0%，演变为中等水平的概率为10.0%。在高水平级别中，由高
水平演变为中高水平的概率为13.79%，演变为中等水平的概率为6.90%。在
低水平组中，演变为较低水平组的概率为8.33%。

可见，不同级别间的演变概率尽管较高，但更多的变化存在于较低级别
与低水平、中高水平与高水平之间，跨级别转移的概率很低，这也反映出在
11年的时期内，山东省县级区域经济发展水平的总体格局没有本质变化，而
高水平级别与低水平级别县（市）的数目都有所增加，轻微地加大了两级分

化的程度。

2.6.3　山东省县域经济格局的趋势预测

结合县级区域发展水平现状与2005—2016年经济增速，可以推测将来山东县级区域经济发展水平格局。2005—2016年，山东省经济平均增速为13.2%，国家经济的平均增速为13.87%，分析所有县（市）经济增速的分布状况，把此期间山东省各县级区域经济增长速度划分为3个基本级别，增速低于13.24%的划为低速增长类型，增速13.24%～15.52%的划为中速增长类型，增速在15.52%以上的划为高速增长区，3个级别的划分区域数量如表2-10所示。

表2-10　山东省2005—2016年县级区域经济增速

级别	增速（%）	数目（个）	比例（%）
高速度	>15.97	19	13.87
中高速度	14.72%～15.97	28	20.44
中等速度	13.47%～14.72	43	31.39
较低速度	12.21%～13.47	24	17.52
低速度	<12.21%	23	16.79

2005—2016年，山东省有19个县级区域处于高速发展阶段，占所有县级区域总数的比例为13.87%，中高速度发展水平的县级区域有28个，占县域总数比例为20.44%，中速增长的县级区域有43个，占县级区域总数的比例为31.39%，较低速度发展水平的县级区域有24个，占县域总数比例为17.52%，低速度发展水平的县级区域有23个，占县级区域总数的比例为16.79%。

结合各县（市）经济发展水平与2005—2016年经济的增速，可以分析各县（市）经济水平的可能趋势，当区域水平与经济增速均为中等水平时，未来仍保持中等水平；当低水平与中等增速结合时，未来就可能演变为较低水平；当高水平与较低增速或者低增速结合时，很可能演变为中高水平。未来山东省县域经济的可能格局如表2-11所示。

表2-11 山东省县级区域未来经济水平推测

地区	2005年水平	2016年水平	增速（%）	未来趋势	地区	2005年水平	2016年水平	增速（%）	未来趋势
历下区	2.5	3.08	15.22	高水平	泗水县	0.62	0.54	13.18	低水平
市中区	1.9	2.3	15.42	高水平	梁山县	0.65	0.65	14.96	较低水平
槐荫区	1.5	1.8	14.95	高水平	曲阜市	1.21	1.07	12.37	较低水平
天桥区	1.45	1.44	13.61	中高水平	兖州区	1.67	1.42	12.1	中等水平
历城区	2.11	1.6	11.68	中高水平	邹城市	1.41	1.29	12.76	中等水平
长清区	1.15	0.97	12.8	中低水平	泰山区	0.91	1.28	16.78	中高水平
平阴县	1.11	1.11	14.11	中等水平	岱岳区	0.66	0.68	14.79	较低水平
济阳县	0.95	0.96	14.18	中等水平	宁阳县	0.73	0.83	14.2	较低水平
商河县	0.82	0.63	10.96	低水平	东平县	0.65	0.78	14.76	中等水平
章丘区	1.45	1.45	13.23	中高水平	新泰市	1.11	0.96	11.99	较低水平
市南区	2.36	2.81	14.87	高水平	肥城市	1.21	1.22	13.61	较低水平
市北区	1.61	1.65	13.93	中高水平	环翠区	1.63	1.44	11.56	中高水平
黄岛区	3.76	3.37	13.52	高水平	文登区	2.47	2	11.62	高水平
崂山区	4.68	4.41	12.32	高水平	荣成市	2.68	2.34	12.19	高水平
李沧区	2.47	2.23	12.57	高水平	乳山市	1.73	1.41	11.6	中等水平
城阳区	2.9	3.46	15.63	高水平	东港区	1.12	1.17	14.02	中等水平
胶州市	1.9	2.05	14.65	高水平	岚山区	1.03	1.57	17.11	高水平
即墨市	1.55	1.77	15.31	高水平	五莲县	0.81	0.81	14.42	较低水平
平度市	1.29	1.09	12.26	较低水平	莒县	0.63	0.63	14.78	较低水平
莱西市	1.48	1.4	13.69	中高水平	莱城区	0.94	0.97	14.81	中等水平
淄川区	1.55	1.39	12.61	中等水平	钢城区	1.96	1.11	8.56	较低水平
张店区	2.15	2.19	14.01	高水平	兰山区	1.3	1.23	13.3	中等水平
博山区	1.62	1.29	11.76	中等水平	罗庄区	1.18	0.97	12.29	较低水平
临淄区	2.62	2.15	12.28	中高水平	河东区	0.67	0.68	14.73	较低水平

（续表）

地区	2005年水平	2016年水平	增速（%）	未来趋势		2005年水平	2016年水平	增速（%）	未来趋势
周村区	2	1.53	11.06	中高水平	沂南县	0.63	0.56	13.34	低水平
桓台县	1.67	1.65	13.44	中高水平	郯城县	0.74	0.58	11.05	低水平
高青县	0.9	0.99	14.58	中等水平	沂水县	0.74	0.66	12.84	低水平
沂源县	0.91	0.93	14.03	中等水平	兰陵县	0.6	0.56	13.61	低水平
枣庄市中	1.03	0.85	11.89	较低水平	费县	0.7	0.65	13.7	低水平
薛城区	0.99	0.97	13.45	较低水平	平邑县	0.71	0.57	11.49	低水平
峄城区	0.86	0.76	12.87	低水平	莒南县	0.7	0.61	12.74	低水平
台儿庄区	1.01	0.82	11.6	低水平	蒙阴县	0.75	0.63	12.9	低水平
山亭区	0.61	0.53	11.98	低水平	临沭县	0.73	0.67	13.24	低水平
滕州市	1.07	1.07	13.87	中等水平	德城区	0.85	0.92	14.74	中等水平
东营区	1.11	1.22	14.04	中高水平	陵城区	0.82	0.79	13.97	较低水平
河口区	1.46	1.82	15.31	高水平	宁津县	0.95	0.79	11.8	低水平
垦利区	1.67	2.38	16.15	高水平	庆云县	0.77	0.87	15.6	中等水平
利津县	1.11	1.33	15.54	中高水平	临邑县	1.06	0.9	11.45	较低水平
广饶县	1.64	2.11	15.74	高水平	齐河县	0.94	1.12	15.07	中高水平
芝罘区	1.21	1.43	15.78	中高水平	平原县	0.88	0.83	12.4	低水平
福山区	1.29	1.74	16.8	高水平	夏津县	0.8	0.72	12.89	低水平
牟平区	1.33	1.29	13.86	中高水平	武城县	0.91	0.89	13.97	较低水平
莱山区	1.91	2.12	14.66	高水平	乐陵市	0.73	0.7	13.46	低水平
长岛县	2.17	1.96	11.57	中高水平	禹城市	0.93	0.96	14.3	中等水平
龙口市	2.57	2.66	13.95	高水平	东昌府区	0.71	0.77	14.32	较低水平
莱阳市	1.16	0.78	9.35	低水平	阳谷县	0.64	0.68	15.31	较低水平
莱州市	1.54	1.51	13.88	中高水平	莘县	0.59	0.58	14.37	低水平

（续表）

地区	2005年水平	2016年水平	增速（%）	未来趋势		2005年水平	2016年水平	增速（%）	未来趋势
蓬莱市	2.04	1.73	12.06	中高水平	荏平县	0.82	1.25	17.8	中高水平
招远市	1.87	1.94	14.17	高水平	东阿县	0.75	0.83	15.34	中等水平
栖霞市	0.92	0.77	12.28	低水平	冠县	0.58	0.62	15.47	较低水平
海阳市	1.03	1.01	13.93	中等水平	高唐县	1.16	1.07	11.92	较低水平
潍城区	1.08	1.27	15.67	中高水平	临清市	0.79	0.79	13.71	较低水平
寒亭区	1.14	1.94	18.16	高水平	滨城区	1.2	1.46	16.23	中高水平
坊子区	1.27	0.79	8.57	低水平	惠民县	0.67	0.65	15.11	低水平
奎文区	1.13	1.39	15.17	中高水平	阳信县	0.6	0.65	15.95	较低水平
临朐县	0.67	0.69	14.85	较低水平	无棣县	0.99	1.09	14.9	中等水平
昌乐县	0.93	0.94	14.23	中等水平	沾化区	0.86	0.85	13.97	较低水平
青州市	1.05	1.18	15.36	中高水平	博兴县	1.14	1.17	14.08	中等水平
诸城市	1.29	1.32	14.19	中高水平	邹平县	1.61	1.77	14.51	高水平
寿光市	1.38	1.48	14.64	中高水平	牡丹区	0.46	0.71	19.63	中等水平
安丘市	0.78	0.75	14.11	较低水平	曹县	0.42	0.49	17.23	低水平
高密市	1.05	1.21	15.38	中高水平	单县	0.45	0.53	16.39	低水平
昌邑市	1.17	1.24	14.45	中高水平	成武县	0.5	0.54	15.03	低水平
任城区	1.06	0.99	13.59	中等水平	巨野县	0.47	0.57	17.14	较低水平
微山县	1.02	1.03	14.06	中等水平	郓城县	0.5	0.68	15.78	较低水平
鱼台县	0.76	0.71	14.22	较低水平	鄄城县	0.44	0.46	14.89	低水平
金乡县	0.73	0.7	14.47	较低水平	定陶区	0.47	0.51	15.52	低水平
嘉祥县	0.67	0.65	14.14	低水平	东明县	0.54	0.63	15.66	较低水平
汶上县	0.64	0.68	15.45	较低水平					

未来济南市有高水平的县（市）3个，中高水平的县（市）3个，中等水平的县（市）2个，较低水平的县（市）1个，低水平的县（市）1个。

青岛市有高水平的县（市）7个，中高水平的县（市）2个，较低水平的县（市）1个。淄博市有高水平的县（市）1个，中高水平的县（市）3个，中等水平的县（市）4个。枣庄市有中等水平的县（市）1个，较低水平的县（市）2个，低水平的县（市）3个。东营市有高水平的县（市）3个，中高水平的县（市）2个。烟台市有高水平的县（市）4个，中高水平的县（市）5个，中等水平的县（市）1个，低水平的县（市）2个。济宁市有中等水平的县（市）4个，较低水平的县（市）5个，低水平的县（市）2个。威海市有高水平的县（市）2个，中高水平的县（市）1个，中等水平的县（市）1个。日照市有高水平的县（市）1个，中等水平的县（市）1个，较低水平的县（市）2个。莱芜市有中等水平的县（市）1个，较低水平的县（市）1个。泰安市有中高水平的县（市）1个，中等水平的县（市）1个，较低水平的县（市）4个。临沂市有中等水平的县（市）1个，较低水平的县（市）2个，低水平的县（市）9个。德州市有中高水平的县（市）1个，中等水平的县（市）3个，较低水平的县（市）3个，低水平的县（市）4个。滨州市有高水平的县（市）1个，中高水平的县（市）1个，中等水平的县（市）2个，较低水平的县（市）2个，低水平的县（市）1个。聊城市有中高水平的县（市）1个，中等水平的县（市）1个，较低水平的县（市）5个，低水平的县（市）1个。菏泽市有中高水平的县（市）1个，较低水平的县（市）3个，低水平的县（市）5个。未来山东省县级区域经济发展水平的可能格局如彩图2-9所示。

2016年以后的山东经济水平格局与2016年基本相同，但是空间格局较2016年表现出更加碎片化的特点。经济发展水平空间格局可分为9个板块，分别是淄博—河口高水平区、青岛高水平区、烟台—威海高水平区、茌平—济南—莱州湾—诸城中高水平区、半岛中等水平区、鲁西北较低水平区、临沂外围中低水平区、冠县—菏泽低水平区、环临沂较低水平区。

在半岛地区，高水平的区（县）有所减少，原来济南—淄博—河口高水平区也表现出碎片化，济南的区（县）多演化为中高水平区，威海、烟台、青岛围城的中等水平区演化为较低水平区，黄河河口区水平有所上升，鲁西北地区发展水平明显降低，菏泽周围区（县）发展水平有所上升，临沂低水平区域的格局基本未变。总体看来，2016年以后山东经济格局呈弱化趋势。

2.7 山东省西部经济隆起带的可行性评价

2013年8月，山东省人民政府出台《西部经济隆起带发展规划》，西部隆起带包括枣庄、济宁、临沂、德州、聊城、菏泽6市和泰安市的宁阳县、东平县，共计60个县（市、区），面积、人口分别占全省的42.8%和46.5%。规划期限为2013—2020年。2013年10月，山东省政府下发《关于调整济宁市部分行政区划的通知》，对济宁市部分行政区划进行调整，撤销市中区、任城区，设立新的任城区。这样，西部隆起带的60县（市）就成为59个县（市）。山东西部经济隆起带的发展目标包括以下6个方面。

一是力争经济发展速度、公共财政收入增速、城镇化发展速度、城乡居民收入增幅均适当高于全省平均水平。西部地区生产总值年均增长10%左右，公共财政收入占生产总值的比重逐步提高，逐年缩小与中东部地区的差距。

二是发展战略性新兴产业、先进制造业和现代服务业；构建结构优化、附加值高、竞争力强的现代产业体系；推动县域经济整体突破。2020年，西部地区三次产业结构调整为7∶48∶45，1/3左右的县（市、区）公共财政收入争取超过30亿元。

三是基础设施明显改善。加快重点建设，城乡一体推进，基本形成畅通便捷的现代综合交通体系、安全可靠的高标准水利设施体系和数字化、宽带化、智能化的现代信息通信体系，大幅度增强对经济社会发展的保障能力。

四是城乡建设明显加强。区域中心城市的整体经济实力、集聚辐射能力和综合服务功能增强，城镇发展和新农村建设步伐加快，推动城乡一体化发展。2020年，西部地区城镇化率达到60%左右。

五是生态环境明显改观。牢固树立生态文明理念，推动资源利用方式根本转变，加强全过程节约管理，能源、水、土地消耗强度和二氧化碳排放强度大幅降低，主要污染物排放总量逐年减少。到2020年，西部地区林木绿化率提高到26%，循环经济发展达到全省先进水平。

六是人民生活明显提高。建设覆盖城乡居民的社会保障体系，在学有所教、劳有所得、病有所医、老有所养、住有所居上持续取得新进展，使发展成果更多、更公平地惠及全体人民，促进社会和谐稳定；城乡居民收入增长与经济发展同步，到2020年接近全省平均水平；西部地区建成产业特色突出、发展后劲充足、生态环境优美、经济文化融合、人民生活幸福的区域，争取实现与全省同步提前全面建成小康社会的奋斗目标。

山东省西部经济隆起带规划目标的几个关键词是地区生产总值年均增长10%左右，三次产业结构调整为7∶48∶45，1/3左右的县（市、区）公共财政收入争取超过30亿元，城镇化率达到60%左右，循环经济发展达到全省先进水平，城乡居民收入到2020年接近全省平均水平，争取实现与全省同步提前全面建成小康社会的奋斗目标。

2.7.1 西部经济隆起带不具备"隆起性"

根据对山东省2005年、2016年发展水平和2005—2016年发展速度的分析，可以得出西部经济隆起带包含的59个县（市）未来水平，如表2-12所示。

表2-12 2005—2016年西部经济隆起带县（市、区）水平和增速变化

地区	类型变化	增速类型	未来趋势		类型变化	增速类型	未来趋势
德州市				**枣庄市**			
德城区	较低—中	中速增长	中等水平	市中区	中—较低	低速增长	较低水平
陵城区	较低—较低	中速增长	较低水平	薛城区	中—中	中低速增长	较低水平
宁津县	中—较低	低速增长	低水平	峄城区	较低—较低	中低速增长	低水平
庆云县	较低—较低	中高速增长	中等水平	台儿庄区	中—较低	低速增长	低水平
临邑县	中—中	低速增长	较低水平	山亭区	低—低	低速增长	低水平
齐河县	中—中	中高速增长	中高水平	滕州市	中—中	中速增长	中等水平
平原县	较低—较低	中低速增长	低水平	**济宁市**			
夏津县	较低—较低	中低速增长	低水平	任城区	中—中	中速增长	中等水平
武城县	中—较低	中速增长	较低水平	微山县	中—中	中速增长	中等水平
乐陵市	较低—较低	中低速增长	低水平	鱼台县	较低—较低	中速增长	较低水平
禹城市	中—中	中速增长	中等水平	金乡县	较低—较低	中速增长	较低水平

（续表）

地区	类型变化	增速类型	未来趋势		类型变化	增速类型	未来趋势
聊城市				嘉祥县	低—低	中速增长	低水平
东昌府区	较低—较低	中速增长	较低水平	汶上县	低—低	中高速增长	较低水平
阳谷县	低—低	中高速增长	较低水平	泗水县	低—低	中低速增长	低水平
莘县	低—低	中速增长	低水平	梁山县	低—低	中高速增长	较低水平
茌平县	较低—中高	高速增长	中高水平	曲阜市	中高—中	中低速增长	较低水平
东阿县	较低—较低	中高速增长	中等水平	兖州区	中高—中高	低速增长	中等水平
冠县	低—低	中高速增长	较低水平	邹城市	中高—中高	中低速增长	中等水平
高唐县	中—中	低速增长	较低水平	**临沂市**			
临清市	较低—较低	中速增长	较低水平	兰山区	中高—中高	中低速增长	中等水平
菏泽市				罗庄区	中—中	中低速增长	较低水平
牡丹区	低—较低	高速增长	中等水平	河东区	低—低	中高速增长	较低水平
曹县	低—低	高速增长	低水平	沂南县	低—低	中低速增长	低水平
单县	低—低	高速增长	低水平	郯城县	较低—低	低速增长	低水平
成武县	低—低	中速增长	低水平	沂水县	较低—低	中低速增长	低水平
巨野县	低—低	高速增长	较低水平	兰陵县	低—低	中速增长	低水平
郓城县	低—低	高速增长	较低水平	费县	较低—低	中速增长	低水平
鄄城县	低—低	中速增长	低水平	平邑县	较低—低	低速增长	低水平
定陶区	低—低	高速增长	低水平	莒南县	较低—低	中低速增长	低水平
东明县	低—低	高速增长	较低水平	蒙阴县	较低—低	中低速增长	低水平
泰安市				临沭县	较低—低	中低速增长	低水平
宁阳县	较低—较低	中速增长	较低水平	东平县	低—较低	中高速增长	中等水平

　　2005—2016年，西部隆起带的县（市）中，处于低速增长的有9个，占比15.25%；中低速增长的有15个，占比25.42%；中速增长的有18个，占比30.51%；中高速增长的有9个，占比15.25%；高速增长的有8个，占比13.56%。由此可以看出，西部经济隆起带所划定的范围内，大多数县（市）发展水平处于较低水平，发展速度大多处于中低速增长阶段。2005

年，西部经济隆起带59个区（县）中，低水平21个，占比35.59%；较低水平21个，占比35.59%；中等水平13个，占比22.03%；中高水平4个，占比6.78%；高水平0个。2016年，低水平28个，占比47.46%；较低水平16个，占比27.12%；中等水平11个，占比18.64%；中高水平4个，占比6.78%；高水平0个。与2005年对比，2016年的总体水平并未明显提升，反而是总体下降的态势，见表2-13。

表2-13　西部经济隆起带各水平县（市）数目与比例

级别	2005年				2016年			
	全省		西部隆起带		全省		西部隆起带	
	数目（个）	比例（%）	数目（个）	比例（%）	数目（个）	比例（%）	数目（个）	比例（%）
高水平	21	15.33	0	0.00	25	18.25	0	0.00
中高水平	28	20.44	4	6.78	30	21.90	4	6.78
中等水平	36	26.28	13	22.03	26	18.98	11	18.64
较低水平	26	18.98	21	35.59	24	17.52	16	27.12
低水平	26	18.98	21	35.59	32	23.36	28	47.46

结合2016年的经济发展水平与2005—2016年的经济增速来分析，可以预测各县（市）经济水平。西部经济隆起带各种发展水平和发展速度组合的区（县）数目如表2-14所示。

表2-14　西部隆起带发展水平与发展速度组合

经济增速	低水平	较低水平	中等水平	中高水平	高水平
低速度	3	3	2	1	0
中低速度	6	4	3	2	0
中等速度	6	7	5	0	0
中高速度	5	3	1	0	0
高速度	6	1	0	1	0

据此可以预测2016年之后西部经济隆起带内所有县（市）的经济水平，对照出台2013年"西部经济隆起带"前后的水平格局，可以发现"西部经济隆起带"规划实现的可行性（表2-15）。

表2-15　西部经济隆起带各水平县（市）数目与比例

级别	2005年		2016年		将来	
	数目（个）	比例（%）	数目（个）	比例（%）	数目（个）	比例（%）
高水平	0	0.00	0	0.00	0	0.00
中高水平	4	6.78	4	6.78	2	3.39
中等水平	13	22.03	11	18.64	12	20.34
较低水平	21	35.59	16	27.12	21	35.59
低水平	21	35.59	28	47.46	24	40.68

　　山东省打造西部经济隆起带，顾名思义，就是要使规划区域内的经济能够如地势隆起之态超过周边地区。从发展水平和发展速度组合来看，要想实现经济的隆起性发展，必须是原本处于中等发展水平及其以下的区（县），拥有中等以上的发展速度，才能使达到构成经济隆起带的要求。而实际所划定的西部经济隆起带，满足这种条件的区（县）非常少。如前所述，与2005年对比，2016年的总体水平是总体下降的态势。结合2016年的经济发展水平与2005—2016年的经济增速来分析，西部隆起带总体水平仍是下降趋势。由此可以看出，山东省划分的西部隆起带，其经济并不能实现隆起性发展，大部分区（县）只能实现中等速度发展。

　　根据山东省西部经济隆起带规划目标，地区生产总值年均增长10%左右，城乡居民收入到2020年接近全省平均水平，争取实现与全省同步提前全面建成小康社会的奋斗目标。总体目标是各项指标到2020年时达到或者接近全省平均水平，但从2005年、2016年及未来趋势看，西部隆起带的县（市）总体还处在全省最低水平，丝毫看不出接近全省平均水平的趋势，更无隆起的迹象。所以，笔者认为，西部经济隆起带的说法并不科学，脱离了划定区域发展水平和发展速度的实际情况，若将其改为西部经济带更为科学一些。

2.7.2　西部经济隆起带缺乏经济增长极

　　西部经济隆起带范围内缺乏能带动西部地区经济增长的经济增长极。由前述发展水平和格局分析可以看出，2002年西部6市中，德州、枣庄、济宁的经济发展水平相对中高，聊城、菏泽、临沂发展水平在全省处于最低水平级别；2013年济宁发展水平较2002年大大降低，低水平发展区在整个西部地区范围扩大，总体看来，西部地区经济发展水平呈下降趋势。尽管菏泽—济宁部分地区处于高速发展阶段，但是过低的发展水平基础、与先进地区的地市相比的较大差距、缺乏大的企业和大的城市综合体等现状，以及产业集聚水平不高，使得西部地区缺乏辐射带动能力强、能带动西部地区经济增长的经济增长极。不能对整个西部地区起到辐射带动作用，难以实现西部经济呈带状隆起发展。

通过对比分析西部经济隆起带范围内60个区（县）的2002—2013年发展水平格局后发现，在两个年份，"隆起带"上水平下降区（县）数目比上升区（县）多了7个，经济发展水平是相对总体下降的态势。与全省其他地区相比，没有隆起。

从发展水平与增长速度组合的角度，要想实现经济的隆起性发展，必须是原本处于中等发展水平及其以下的区（县）拥有中等以上的发展速度，才能达到构成经济隆起带的要求。而实际所划定的西部经济隆起带，满足这种条件的区（县）非常少，有47个区（县）处于中等水平和中等速度组合及其以下，占比78.3%。而中等水平以上，中等速度以上的区（县）仅有5个，占比8.4%。因此，从二者结合的态势看，山东西部经济不具备"隆起"的潜质。

山东《西部经济隆起带发展规划》目的是要推动山东区域经济结构优化，但从本研究看，该地区不具备"隆起"的现实与未来可行性；无论隆起与否，通过规划实现区域更加协调发展也是很好的成就。因此，将其改为西部经济带更为科学一些。

3 山东省城乡居民收入的格局演变

本章分别分析2001年和2016年山东各地市城镇居民收入水平、农村居民收入水平、居民平均收入水平的特点；通过传统的相关分析、回归分析和秩对应分析方法，分析2001年、2016年城镇居民人均可支配收入和农村居民人均纯收入的对应类型，揭示山东省城乡居民收入的空间对应关系特征；最后分析山东省城乡居民收入差距的演变趋势。

3.1 山东省17地市居民收入状况

3.1.1 2001年山东省17地市居民收入状况

从人均GDP看，东营市、威海市、青岛市、淄博市、济南市、烟台市、莱芜市等是水平高的地市；但各地市居民收入并不完全与其人均GDP对应。以山东省当年城镇居民收入水平最低的地市值为参考标准，计算各地市的绝对差距，绝对差距除以均值为相对差距值。各地市绝对差距乘以其城镇人口占全省的比例即得绝对差距份额，各地市相对差距乘以其城镇人口占全省的比例得相对差距份额。累计可得为全省总绝对值与相对值。2001年山东省17地市城镇居民可支配收入状况见表3-1。

表3-1 2001年山东省17地市城镇居民收入

地区	城镇居民收入（元）	绝对差距（元）	相对差距（%）	城镇人口比例（%）	绝对份额（元）	相对份额（%）
济南市	9 673	4 238	77.98	9.98	423	7.78
东营市	8 881	3 446	63.41	2.93	101	1.86
青岛市	8 783	3 348	61.60	12.01	402	7.40
威海市	8 767	3 332	61.31	3.88	129	2.38

（续表）

地区	城镇居民收入（元）	绝对差距（元）	相对差距（%）	城镇人口比例（%）	绝对份额（元）	相对份额（%）
烟台市	8 316	2 881	53.01	8.25	238	4.37
滨州市	7 378	1 943	35.75	3.16	61	1.13
潍坊市	7 351	1 916	35.25	8.13	156	2.87
淄博市	7 290	1 855	34.13	7.13	132	2.44
莱芜市	7 210	1 775	32.65	1.60	28	0.52
泰安市	7 162	1 727	31.77	6.56	113	2.09
日照市	7 047	1 612	29.66	2.69	43	0.80
聊城市	6 969	1 534	28.23	4.22	65	1.19
济宁市	6 310	875	16.10	7.94	69	1.28
枣庄市	5 967	532	9.79	4.39	23	0.43
临沂市	5 805	370	6.81	7.33	27	0.50
德州市	5 600	165	3.04	4.57	8	0.14
菏泽市	5 435	0	0.00	5.22	0	0.00
山东省	7 141				2 020	37.16

资料来源：《山东统计年鉴2002》。

2001年济南市城镇居民收入为全省最高，与最低的菏泽市的差距为4 238元，以最低值为标准的相对差距为77.98%。以人口加权计算，当年的绝对差为2 020元，相对差距为37.16%。以极差5等分划分，可以把2001年山东省17地市城镇居民可支配收入划分为5个等级。高水平级别包括济南市、东营市，中高水平级别包括青岛市、威海市、烟台市，中等水平级别包括滨州市、潍坊市、淄博市、莱芜市、泰安市，中低水平级别包括日照市、聊城市、济宁市，低水平级别包括枣庄市、临沂市、德州市、菏泽市。

从表3-1中的排名可见，与人均GDP以东营市、威海市为顶峰的格局不同，2001年17地市的城镇居民收入是济南市、东营市、青岛市、威海市四峰并矗的格局。既体现了地区人均GDP与地区城镇居民收入密切相关的一方面，也反映出地区人均GDP与城镇居民收入有不一致的地方。

山东省17地市的人均GDP与城镇居民可支配收入排名不一致之外，17地市的人均GDP、城镇居民可支配收入、农村居民纯收入排名也有明显的不一致。表3-2是2001年山东省17地市农村居民纯收入的状况。

表3-2 2001年山东省17地市农村居民纯收入

地区	农村居民纯收入（元）	绝对差距（元）	相对差距（%）	农村人口比例（%）	绝对份额（元）	相对份额（%）
青岛市	5 869	2 638	81.64	6.27	166	5.12
威海市	5 554	2 323	71.89	2.30	53	1.65
潍坊市	5 274	2 043	63.22	9.85	201	6.23
日照市	5 060	1 828	56.58	3.22	59	1.82
东营市	4 798	1 567	48.50	1.53	24	0.74
烟台市	4 658	1 427	44.15	6.74	96	2.97
莱芜市	4 458	1 227	37.97	1.28	16	0.49
淄博市	4 431	1 200	37.14	3.55	43	1.32
济南市	4 315	1 083	33.52	4.89	53	1.64
济宁市	4 121	890	27.54	9.13	81	2.51
泰安市	4 075	843	26.09	5.81	49	1.52
枣庄市	3 921	689	21.33	3.84	26	0.82
聊城市	3 813	581	17.99	6.94	40	1.25
临沂市	3 739	508	15.72	12.61	64	1.98
滨州市	3 667	436	13.49	4.35	19	0.59
德州市	3 608	376	11.64	6.54	25	0.76
菏泽市	3 231	0	0.00	11.15	0	0
山东省	4 162				1 015	31.42

资料来源：《山东统计年鉴2002》。

2001年青岛市农村居民收入为全省最高，与最低的菏泽市的差距为2 638元，以最低值为标准的相对差距为81.64%。以人口加权计算，当年的绝对差为1 015元，相对差距为31.42%。以极差5等分划分，可以把2001年山东省17地市农村居民可支配收入划分为5个等级。高水平级别包括青岛市、威海市，中高水平级别包括潍坊市、日照市，中等水平级别包括东营市、烟台市、莱芜市、淄博市、济南市，中低水平级别包括济宁市、泰安市、枣庄市、聊城市，低水平级别包括枣临沂市、滨州市、德州市、菏泽市。

从农村居民收入看，17地市的农村居民收入明显呈现"沿海高—内陆低"的空间格局。

由表3-1和表3-2可见，山东省17地市的城镇居民收入与农村居民收入差距明显。滨州市、济南市的城镇居民收入排名大幅领先于其农村居民收入排名，东营市城镇居民收入排名也明显领先于其农村居民收入排名，烟台市、泰安市、聊城市城镇居民收入排名也领先于其农村居民收入排名一个名次。日照市的农村居民收入排名领先其城镇居民收入排名7个名次，潍坊市的农村居民收入排名领先其城镇居民收入排名4个名次，济宁的农村居民收入排名领先其城镇居民收入排名3个名次，青岛、威海、莱芜、枣庄的农村居民收入排名领先其城镇居民收入排名2个名次，临沂市的农村居民收入排名领先其城镇居民收入排名1个名次，菏泽市的城镇居民收入排名与其农村居民收入排名均在全省最末位。

结合各地市城镇居民收入与农村居民收入值，以各地市城镇人口比例与农村人口比例为人口加权，经综合计算2001年山东省17地市的居民收入见表3-3。

表3-3　2001年山东省17地市居民收入

地区	城镇居民收入（元）	城镇人口比例（%）	农村居民收入（元）	农村人口比例（%）	农村收入（元）	城镇收入（元）	总收入（元）
青岛市	8 783	42.53	5 869	57.47	3 373	3 735	7 109
威海市	8 767	39.46	5 554	60.54	3 363	3 460	6 822
济南市	9 673	44.13	4 315	55.87	2 410	4 269	6 679
东营市	8 881	42.49	4 798	57.51	2 760	3 774	6 533
烟台市	8 316	32.14	4 658	67.86	3 161	2 673	5 834
潍坊市	7 351	24.19	5 274	75.81	3 998	1 778	5 777
淄博市	7 290	43.74	4 431	56.26	2 493	3 189	5 682
日照市	7 047	24.44	5 060	75.56	3 823	1 722	5 546
莱芜市	7 210	32.49	4 458	67.51	3 010	2 343	5 352
泰安市	7 162	30.41	4 075	69.59	2 835	2 178	5 013
济宁市	6 310	25.18	4 121	74.82	3 084	1 589	4 672
枣庄市	5 967	30.69	3 921	69.31	2 717	1 831	4 549
滨州市	7 378	21.94	3 667	78.06	2 863	1 619	4 481
聊城市	6 969	19.04	3 813	80.96	3 087	1 327	4 414
临沂市	5 805	18.36	3 739	81.64	3 053	1 066	4 119

（续表）

地区	城镇居民收入（元）	城镇人口比例（%）	农村居民收入（元）	农村人口比例（%）	农村收入（元）	城镇收入（元）	总收入（元）
德州市	5 600	21.29	3 608	78.71	2 840	1 192	4 032
菏泽市	5 435	15.35	3 231	84.65	2 735	834	3 570
山东省	7 141	27.89	4 162	72.11	3 001	1 992	4 993

资料来源：《山东统计年鉴2002》。

以极差5等分划分，可以把2001年山东省17地市居民可支配收入划分为5个等级。高水平级别包括青岛市、威海市、济南市，中高水平级别包括东营市、烟台市、潍坊市、淄博市，中等水平级别包括日照市、莱芜市、泰安市，中低水平级别包括济宁市、枣庄市、滨州市、聊城市，低水平级别包括临沂市、德州市、菏泽市。

3.1.2　2016年山东省17地市居民收入状况

经过15年的发展，2016年山东省17地市的居民收入发生了变化，2016年山东省17地市城镇居民可支配收入状况见表3-4。

表3-4　2016年山东省17地市城镇居民收入

地区	城镇居民收入（元）	绝对差距（元）	相对差距（%）	城镇人口比例（%）	绝对份额（元）	相对份额（%）
青岛市	43 598	21 476	97.08	11.21	2 408	10.89
济南市	43 052	20 930	94.61	8.56	1 791	8.10
东营市	41 580	19 458	87.96	2.42	471	2.13
威海市	39 363	17 241	77.94	3.12	538	2.43
烟台市	38 744	16 622	75.14	7.47	1 242	5.61
淄博市	36 436	14 314	64.71	5.52	790	3.57
潍坊市	33 609	11 487	51.93	9.27	1 065	4.81
莱芜市	32 364	10 242	46.30	1.43	147	0.66
临沂市	30 859	8 737	39.50	9.93	868	3.92
滨州市	30 583	8 461	38.25	3.77	319	1.44
泰安市	30 299	8 177	36.96	5.67	464	2.10

（续表）

地区	城镇居民收入（元）	绝对差距（元）	相对差距（%）	城镇人口比例（%）	绝对份额（元）	相对份额（%）
济宁市	29 987	7 865	35.55	7.86	618	2.80
日照市	28 340	6 218	28.11	2.81	175	0.79
枣庄市	27 708	5 586	25.25	3.70	207	0.93
聊城市	23 277	1 155	5.22	4.99	58	0.26
德州市	22 760	638	2.88	5.31	34	0.15
菏泽市	22 122	0	0.00	6.96	0	0.00
山东省	34 012				11 194	50.60

资料来源：《山东统计年鉴2017》。

2016年青岛市城镇居民收入为全省最高，与最低的菏泽市的差距为21 476元，以最低值为标准的相对差距为97.08%。以人口加权计算，当年的绝对差为11 194元，相对差距为50.6%。以极差5等分划分，可以把2016年山东17地市城镇居民可支配收入划分为5个等级。高水平级别包括青岛市、济南市、东营市、威海市，中高水平级别包括淄博市、烟台市，中等水平级别包括潍坊市、莱芜市、临沂市，中低水平级别包括滨州市、泰安市、济宁市、日照市、枣庄市，低水平级别包括聊城市、德州市、菏泽市。

与2001年的排名对比，2001年山东省17地市的城镇居民收入前4名是济南市、东营市、青岛市、威海市，2016年城镇居民收入前4名是青岛市、济南市、东营市、威海市，青岛市的排名由第3位上升为第1位。临沂市的排名上升最大，上升了6位；淄博市的排名上升了2位，莱芜市、济宁市的排名上升了1位。滨州市的排名下降了4位，聊城市的排名下降了3位，日照市下降了2位，泰安市下降了1位。

在山东省17地市的城镇居民可支配收入排名发生变化的同时，2016年农村居民纯收入排名与2001年的排名也发生了明显变化。2001年山东省17地市农村居民纯收入状况见表3-5。

表3-5　2016年山东省17地市农村居民收入

地区	农村居民收入（元）	绝对差距（元）	相对差距（%）	农村人口比例（%）	绝对份额（元）	相对份额（%）
青岛市	17 969	7 264	67.86	6.43	467	4.36

（续表）

地区	农村居民收入（元）	绝对差距（元）	相对差距（%）	农村人口比例（%）	绝对份额（元）	相对份额（%）
威海市	17 573	6 868	64.16	2.42	166	1.55
烟台市	16 721	6 016	56.20	6.57	395	3.69
潍坊市	16 098	5 393	50.38	9.61	518	4.84
淄博市	15 674	4 969	46.42	3.55	176	1.65
济南市	15 346	4 641	43.35	5.42	252	2.35
东营市	14 999	4 294	40.11	1.7	75	0.70
莱芜市	14 852	4 147	38.74	1.31	54	0.51
泰安市	14 428	3 723	34.78	5.66	211	1.97
滨州市	13 736	3 031	28.31	4.12	125	1.17
济宁市	13 615	2 910	27.19	9.17	267	2.49
日照市	13 379	2 674	24.98	3.07	82	0.77
枣庄市	13 018	2 313	21.61	4.28	99	0.92
德州市	12 248	1 544	14.42	6.57	101	0.95
临沂市	11 646	942	8.80	11.31	107	1.00
聊城市	11 387	682	6.37	7.63	52	0.49
菏泽市	10 705	0	0.00	11.14	0	0.00
山东省					3 147	29.40

资料来源：《山东统计年鉴2017》。

2016年农村居民收入全省最高的仍然是青岛市，与最低的菏泽市的差距扩大为7 264元，以最低值为标准的相对差距下降为67.86%。以人口加权计算，当年的绝对差扩大为3 147元，相对差距缩小为29.4%。以极差5等分划分，可以把2016年山东省17地市农村居民可支配收入划分为5个等级。高水平级别包括青岛市、威海市、烟台市，中高水平级别包括潍坊市、淄博市，中等水平级别包括济南市、东营市、莱芜市、泰安市、滨州市、济宁市，中低水平级别包括日照市、枣庄市、德州市，低水平级别包括枣临沂市、聊城市、菏泽市。

与2016年对比，滨州市的排名上升了5位，烟台市、淄博市、济南市的排名上升了3位，泰安市、德州市的排名上升了2位；日照市的排名下降了8

位，聊城市的排名下降了3位，东营市的排名下降了2位，潍坊市、莱芜市、济宁市、临沂市的排名下降了1位。

与2001年山东省17地市的农村居民收入明显呈现"沿海高—内陆低"的空间格局有所不同的是，淄博市、济南市的农村居民收入排名上升，增强了内陆核心地区的实力；但山东省农村居民收入空间格局仍然呈现"沿海高—内陆低"的空间格局。

对照2016年与2001年山东省17地市的城镇居民收入与农村居民收入的排名，济南市、东营市的城镇居民收入排名高出其农村居民收入排名4位，临沂市城镇居民收入排名高于其农村居民收入排名6位，聊城市城镇居民收入排名也领先于其农村居民收入排名1个名次。威海市、烟台市、淄博市、潍坊市、泰安市、济宁市、日照市、枣庄市、德州市的农村居民收入排名领先其城镇居民收入排名。

结合各地市城镇居民收入与农村居民收入值，以各地市城镇人口比例与农村人口比例为人口加权，经综合计算山东省17地市的居民收入见表3-6。

表3-6　2016年山东省17地市居民收入

地区	城镇居民收入（元）	城镇人口比例（%）	农村居民收入（元）	农村人口比例（%）	农村收入（元）	城镇收入（元）	总收入（元）
青岛市	43 598	71.53	17 969	28.47	5 488	30 283	35 771
济南市	43 052	69.46	15 346	30.54	6 289	25 409	31 698
烟台市	38 744	62.10	16 721	37.90	5 573	25 831	31 404
淄博市	36 436	69.11	15 674	30.89	4 462	26 063	30 525
威海市	39 363	65.00	17 573	35.00	7 194	23 248	30 442
东营市	41 580	66.67	14 999	33.33	6 679	23 064	29 743
潍坊市	33 609	58.15	16 098	41.85	6 101	20 871	26 972
莱芜市	32 364	61.12	14 852	38.88	6 407	18 402	24 809
临沂市	30 859	55.84	11 646	44.16	4 528	18 861	23 389
泰安市	30 299	59.06	14 428	40.94	6 457	16 740	23 197
枣庄市	27 708	55.47	13 018	44.53	4 021	19 149	23 170
济宁市	29 987	55.25	13 615	44.75	5 698	17 437	23 135
日照市	28 340	56.86	13 379	43.14	4 683	18 421	23 104

（续表）

地区	城镇居民收入（元）	城镇人口比例（%）	农村居民收入（元）	农村人口比例（%）	农村收入（元）	城镇收入（元）	总收入（元）
滨州市	30 583	56.83	13 736	43.17	7 074	14 833	21 907
德州市	22 760	53.77	12 248	46.23	5 409	12 709	18 118
聊城市	23 277	48.50	11 387	51.50	5 264	12 516	17 780
菏泽市	22 122	47.36	10 705	52.64	4 621	12 572	17 193
山东省	34 012	59.02	13 800	40.98	5 655	20 074	25 729

资料来源：《山东统计年鉴2017》。

以极差5等分划分，可以把2016年山东省17地市居民可支配收入划分为5个等级。高水平级别包括青岛市，中高水平级别包括济南市、烟台市、淄博市、威海市、东营市，中等水平级别包括潍坊市、莱芜市，中低水平级别包括临沂市、泰安市、枣庄市、济宁市、日照市、滨州市，低水平级别包括德州市、聊城市、菏泽市。

临沂市2016年的总收入排名比2001年的排名提高了6位，淄博市提高了3位，烟台市提高了2位，济南市、莱芜市、枣庄市、德州市均上升了1位。日照市的排名比2001年下降了5位，威海市的排名下降了3位，东营市、聊城市的排名下降了2位，潍坊市、济宁市、滨州市的排名下降了1位。

3.2　山东省17地市城乡居民收入的格局演变

20世纪90年代起，学者们逐渐重视我国省际间与省内城乡经济发展差异。李若建（1997）对比分析了我国省区间城乡居民收入差距；李小丽、梁进社和张同升（2003）采用回归分析与相关性分析的方法研究了省区间城乡居民收入差距的时空格局；邹君和陈淑珍（2007）研究了湖南省城乡居民收入差距的空间格局演变；陶应虎（2010）研究了山东省农村居民收入区域差异的趋势和影响因素；徐喆（2010）对山东省居民收入与消费之间进行了实证分析；王少国（2011）分析了我国城乡收入差距的地区类型；晏艳阳和宋美喆（2011）分析了我国城乡居民收入差距库兹涅茨曲线的影响因素；张竟竟（2011）研究了河南省城乡居民收入差距的时空特征；景跃军和李雪（2014）研究了我国东部、中部和西部三大区域间城乡居民收入差距的原因与对策。

上述研究对认识我国城乡居民收入差距提供了帮助。但是，上述研究只是对国家、省际间和省区城乡收入宏观差距的研究，重点关注城乡居民收入差距的时间特征，很少涉及空间格局演变。本研究选取了2001年和2016年山东省各县（市）统计资料，通过传统的相关分析、回归分析和笔者创新的秩对应分析方法，探讨了城镇居民收入与农村居民收入的对应类型，以此揭示山东省城乡居民收入的空间对应关系。本研究创新出秩对应空间分析法，不同于空间自相关分析确定某一地理要素在空间上相关程度如何，也不同于趋势面分析某一地理要素在地域空间上的变化趋势。秩对应空间分析方法，既可以通过划分两类地理要素的相对水平间的对应测度其相关性，亦可通过确定次级区域两类地理要素的对应度及其在高级区域的空间分布而测度其空间对应格局。本文研究对了解山东省城乡居民收入的对应关系有重要意义，另一方面，空间对应分析为空间分析提供了一种新的二元要素空间对应的方法和思路。

3.2.1 数据来源与研究方法

本研究所采用的人口指标和经济指标来源于《山东统计年鉴2002》《山东统计年鉴2017》。本文主要从山东省城镇居民收入与农村居民收入的对应关系这一思路出发，通过传统的回归分析、结合秩对应分析方法，探讨城镇居民收入与农村居民收入的对应关系，以此揭示山东省城乡居民收入的空间对应关系。

本研究采用秩对应分析法，先把各县（市）城镇居民人均可支配收入与农村居民人均纯收入分别以最大值为分母进行标准化，按照各县（市）的城镇居民人均可支配收入与农村居民人均纯收入由小到大，划分为低、较低、中、较高、高5个级别。这是从收入相对值的角度进行水平划分，再视二者间水平的对应程度划分其对应类型。

若二者为同一水平级别则为高度对应、若差一个级别则为中度对应，若差两个级别则为不对应、若差三个级别则为中度反对应，若差四个级别则为高度反对应。给这5种对应关系赋值分别是1、0.5、0、-0.5、-1，分别表示二者高度对应、中度对应、不对应、中度反对应、高度反对应5种对应关系。再计算2001年各县（市）年末户籍人口（万人）占山东省年末户

籍人口（万人）的比例作为各县（市）的人口比例，以人口加权计算各县
（市）人口比例与对应关系赋值乘积的总和作为总对应度。总对应度取值
范围在-1～1，0是正反对应的临界点。-1～-0.6表示高度反对应，-0.6～
-0.2表示中度反对应，-0.2～0.2表示不对应，0.2～0.6表示中度对应，
0.6～1表示高度对应。借助ARCGIS软件，绘制两年山东省城乡居民收入的
对应格局图，不仅可以计量山东省城乡居民收入的总对应度，还能精确确定
各县（市）的对应类型。通过分析各年份总的对应格局就可以反映出山东省
城镇居民和农村居民收入的对应状况及其空间分布状况，从而反映出城镇居
民收入与农村居民收入分异格局演变。

3.2.2　山东省城乡居民收入的空间对应关系分析

　　将2001年、2016年山东省17地市城镇居民人均可支配收入、农村居民
人均纯收入数据输入SPSS软件中，利用Linear分析这两组数据的数学模型
与相关系数。分析得出2001与2016年的回归方程与相关系数如式（3-1）、
（3-2）。

　　2001年：$y=0.536\,8x+545.25$　　　　$r=0.796$　　　　　　　　（3-1）

　　2016年：$y=0.266\,7x+5\,616.4$　　　　$r=0.863$　　　　　　　　（3-2）

　　式中，自变量x为城镇居民可支配纯收入，因变量y为农村居民人均纯收
入，r为相关系数。2001年相关系数为0.796，2016年相关系数为0.863，相
关系数都比较高。可见，山东省两个年份的城乡居民收入呈正相关，相关程
度很高，而且城乡居民收入的相关性程度越来越高。由此可见，山东省17地
市的农村居民收入与城镇居民收入密切相关，城镇居民收入水平高的地市农
村居民收入水平普遍高。

　　上文的回归分析尚不能准确地反映各县（市）具体的对应类型。在此采
用秩对应分析法，分别对2001年和2016年的城镇居民收入与农村居民收入
进行秩对应分析。

3.2.2.1　2001年山东省城乡居民收入的秩对应分析

　　按照前文所述的方法，对2001年17地市城镇居民人均可支配收入与农
村居民人均纯收入分别以最大值为分母进行标准化，统计分析二者之间的对
应关系，划分具体的对应类型，各地市对应类型如表3-7所示。

表3-7 2001年山东省17地市城乡居民收入对应类型

地区	城市可支配收入		农村纯收入		人口比例（%）	对应类型	对应值	对应度（%）
济南市	1.000	高	0.709	中	6.31	高—中不对应	0.0	0.000
青岛市	0.908	中高	0.735	中	7.87	中高—中中度对应	0.5	3.937
淄博市	0.754	中	1.000	高	4.55	中—高不对应	0.0	0.000
枣庄市	0.617	较低	0.755	中	3.99	较低—中中度对应	0.5	1.996
东营市	0.918	高	0.668	中低	1.92	高—中低中度反对应	−0.5	−0.962
烟台市	0.860	中高	0.818	中	7.16	中高—中中度对应	0.5	3.579
潍坊市	0.760	中	0.794	中	9.37	中—中高度对应	1.0	9.374
济宁市	0.652	较低	0.899	中高	8.80	较低—中高不对应	0.0	0.000
泰安市	0.740	中	0.702	较低	6.02	中—较低中度对应	0.5	3.010
威海市	0.906	中高	0.694	较低	2.74	中高—较低不对应	0.0	0.000
日照市	0.729	较低	0.946	高	3.07	较低—高中度反对应	−0.5	−1.536
莱芜市	0.745	中	0.862	中高	1.37	中—中高中度对应	0.5	0.685
德州市	0.600	低	0.760	中	11.14	低—中中度对应	0.5	5.570
聊城市	0.579	低	0.637	低	5.99	低—低高度对应	1.0	5.988
滨州市	0.720	较低	0.615	低	6.18	较低—低中度对应	0.5	3.090
临沂市	0.763	中	0.650	较低	4.02	中—较低中度对应	0.5	2.011
菏泽市	0.562	低	0.625	低	9.49	低—低高度对应	1.0	9.494
					1.000			0.462

2001年山东省17地市城乡居民收入对应关系分为14种类型，"高—中不对应"类型包括济南市，"中高—中中度对应"类型包括青岛市、烟台市，"中—高不对应"类型包括淄博市，"较低—中中度对应"类型包括枣庄市，"高—中低中度对应"包括东营市，"中—中高度对应"类型包括潍坊市，"较低—中高不对应"类型包括济宁市，"中—较低中度对应"的类型包括泰安市、滨州市。"中高—较低不对应"类型包括威海市，"较低—高中度反对应"包括日照市，"中—中高中度对应"类型包括莱芜市，"较低—低中度对应"类型包括聊城市，"低—中中度对应"的类型包括临沂市，"低—低高度对应"类型包括德州市、菏泽市。

2001年山东省17地市城乡居民收入总体表现出较高的一致性，计算得总对应度为0.462，表明两者之间呈现明显的对应关系，这与前文采用相关分析得出的结果一致。同年山东省各县（市）城乡居民收入的对应类型的空间格局如彩图3-1所示。

从山东省城乡居民收入对应类型的空间分布可清楚地把山东省划分为低、中、高3个区域经济类型，德州市、聊城市、菏泽市形成西部低水平区域；东营市、淄博市、济南市、青岛市、烟台市、威海市形成半岛高水平区域；其他地区为中等水平区域。居民城乡收入类型和区域经济水平都表现出由低到高渐次演变的空间特征。

3.2.2.2 2016年山东省城镇居民收入秩对应分析

2016年山东省城乡居民收入对应关系分为9种类型，"高—高高度对应"类型包括青岛市、威海市，"高—中高中度对应"类型包括济南市、东营市，"中高—高中度对应"类型包括烟台市，"中高—中高高度对应"类型包括淄博市，"中—中高中度对应"包括潍坊市、莱芜市，"中—较低中度对应"类型包括德州市，"较低—中中度对应"类型包括枣庄市、临沂市、济宁市、泰安市、日照市，"低—较低中度对应"的类型包括聊城市、滨州市。"低—低高度对应"类型包括德州市、菏泽市。具体见表3-8。

表3-8 2016年山东省17地市城乡居民收入对应类型

地区	城市可支配收入		农村纯收入		人口比例（%）	对应类型	对应值	对应度（%）
济南市	0.987	高	0.854	中高	7.27	高—中高中度对应	0.5	3.636
青岛市	1.000	高	1.000	高	9.25	高—高高度对应	1.0	9.253
淄博市	0.836	中高	0.872	中高	4.71	中高—中高高度对应	1.0	4.712
枣庄市	0.636	较低	0.724	中	3.94	较低—中中度对应	0.5	1.968
东营市	0.954	高	0.835	中高	2.14	高—中高中度对应	0.5	1.072
烟台市	0.889	中高	0.931	高	7.10	中高—高中度对应	0.5	3.551
潍坊市	0.771	中	0.896	中高	9.41	中—中高中度对应	0.5	4.704
济宁市	0.688	较低	0.758	中	8.40	较低—中中度对应	0.5	4.200
泰安市	0.695	较低	0.803	中	5.67	较低—中中度对应	0.5	2.834
威海市	0.903	高	0.978	高	2.83	高—高高度对应	1.0	2.834

（续表）

地区	城市可支配收入		农村纯收入		人口比例（%）	对应类型	对应值	对应度（%）
日照市	0.650	较低	0.745	中	2.92	较低—中中度对应	0.5	1.458
莱芜市	0.742	中	0.827	中高	1.38	中—中高中度对应	0.5	0.692
德州市	0.708	中	0.648	较低	10.50	中—较低中度对应	0.5	5.250
聊城市	0.522	低	0.682	较低	5.82	低—较低中度对应	0.5	2.912
滨州市	0.534	低	0.634	较低	6.07	低—较低中度对应	0.5	3.035%
临沂市	0.701	较低	0.764	中	3.91	较低—中中度对应	0.5	1.956%
菏泽市	0.507	低	0.596	低	8.67	低—低高度对应	1.0	8.669%
					1.000			0.627

城乡居民收入同样表现出较高的一致性，计算得总对应度为0.627，比2001年上升9.6%，表明二者之间的对应关系进一步加强。绝大多数地市的城乡居民收入的对应性增强。比如，济南市由"高—中不对应"型演变为"高—中高中度对应"型，青岛市由"中高—中中度对应"型演变为"高—高高度对应"型，东营市市由"高—中低中度反对应"型演变为"高—中中度对应"型，威海市由"中高—较低不对应"型演变为"高—高高度对应"型，淄博市由"中—高不对应"型演变为"中高—中高高度对应"型，济宁市由"较低—中高不对应"型演变为"较低—中中度对应"型，日照市由"较低—高中度反对应"型演变为"较低—中中度对应"型。绘制2016年山东省各地市城乡居民收入的对应类型图如彩图3-2所示。

2016年山东省城乡居民收入对应类型的空间分布总体格局与2001年相似，仍然可以划分为低、中、高3个区域经济类型，东营市、淄博市、济南市、潍坊市、青岛市、烟台市、威海市形成半岛高水平区域；德州市、泰安市、济宁市、枣庄市、莱芜市、临沂市、日照市为中等水平区域；滨州市、聊城市、菏泽市形成西部低水平区域。居民城乡收入类型和区域经济水平都表现出由低到高渐次演变的空间特征。半岛高水平区域实力增强和对应度增强的态势明显。

两个年份空间格局最大的变化有两点，其一是中等水平区域演化为较低水平区域，另一是在高水平区域中间形成了一条中等水平区域。结合对应类型的空间分布，可以说山东省区域经济呈现相对水平的弱化趋势。

3.2.2.3 对应关系的演变

对比所有地市两个年份对应类型的变化和具体县（市）对应类型的变化就能够从总体和个体两个角度揭示对应类型的时间趋势（表3-9）。

表3-9　2001年和2016年山东省城乡居民收入总体对应类型

地区	2001年	2016年	地区	2001年	2016年
济南市	高—中不对应	高—中高中度对应	临沂市	低—中中度对应	较低—中中度对应
青岛市	中高—中中度对应	高—高高度对应	济宁市	较低—中高不对应	较低—中中度对应
东营市	高—中低中度反对应	高—中高中度对应	泰安市	中—较低中度对应	较低—中中度对应
威海市	中高—较低不对应	高—高高度对应	日照市	较低—高中度反对应	较低—中中度对应
淄博市	中—高不对应	中高—中高高度对应	德州市	低—低高度对应	中—较低中度对应
烟台市	中高—中中度对应	中高—高中度对应	聊城市	较低—低中度对应	较低—低中度对应
潍坊市	中—中高度对应	中—中高度对应	滨州市	中—较低中度对应	低—较低中度对应
莱芜市	中—中高度对应	中—中高度对应	菏泽市	低—低高度对应	低—低高度对应
枣庄市	较低—中中度对应	较低—中中度对应			

在山东省17地市中，居民收入水平下降的有淄博市、济宁市、日照市、滨州市4个，没变的有5个，上升的有8个。总体上，2016年山东城乡居民收入水平是上升的，当然这是基于相对比较的结论，从绝对值角度看山东省城乡居民收入水平都是上升的。

笔者创新的秩对应分析方法可以刻画具体县（市）的城乡居民收入对应类型，通过总对应度衡量城乡居民收入对应水平，城乡居民收入对应类型的空间分布可以反映出对应类型的空间格局，具体县（市）不同年份对应类型的对比可以知晓其城乡居民收入对应类型的变化，分析所有县（市）对应类型的变化并统计其人口比例，可以总结其变化的时间与空间趋势。秩对应分析方法能够定量、直观地反映出二元要素对应格局的时空格局演变，方法实用。

3.3　山东省城乡居民收入差距特征

库兹涅茨关于经济增长与收入分配的关系的倒"U"模型指出，在经济未充分发展的阶段，经济发展会导致收入差距逐步扩大；随着经济充分发展，收入差距会逐渐缩小，最终趋于平等。这一理论在发达国家和地区得到了证实。但在发展中国家，劳动报酬在国民经济增长到一定阶段后，不升反降，落入了"中等收入陷阱"。李实和罗楚亮（2007），王培刚和周长城（2005）的研究表明，我国城乡收入差距大，且对收入差距的贡献重大。中国城乡收入差距过大，不仅高于发达国家，而且高于绝大多数发展中国家。

关于我国城乡居民收入差距产生的原因主要被归纳为城乡二元的投入、分配差距和城乡劳动生产率差距两大方面。蔡继明（1998）用城乡比较生产力解释了城乡相对收入差距的75.2%。蔡昉和杨涛（2000）认为政府实施的有利于城市的直接转移项目也扩大了城乡差距。王德文和何宇鹏（2005）指出城乡差距的本质是资源配置扭曲、收入分配倾斜与部门间技术进步不平衡三者共同作用的结果。程开明（2008）认为固定资产投资及财政支出的城市偏向越明显，城乡差距越大。田新民、王少国和杨永恒（2009）认为城乡差距是农村剩余劳动力转移、城市最适度人口规律以及政府提升城市部门人口承载力政策三方共同作用造成的。

对于我国城乡差距的未来趋势，学者们有两种看法。一种观点认为我国城乡差距可以缩小，陈宗胜（2002），王德文和何宇鹏（2005）以前的研究持此观点。魏君英、吴亚平和吴兆军（2015）则认为，从全国来看，城乡居民收入差距经济增长之间的库兹涅茨倒"U"曲线拐点已出现。另一种观点则认为不能确定我国经济发展带来城乡收入的缩小。李实（1993）认为我国跨省或跨县城乡内部收入差距不支持倒"U"假说。王小鲁和樊纲（2005），陈斌开和林毅夫（2013）的研究表明，库兹涅茨倒"U"形曲线在中国不成立。

上述研究全面刻画了我国城乡差距的总体特点，已有研究认为我国城乡差距不会随经济发展而缩小的观点有待商榷，过度强调我国城乡居民收入差距的负面效应都不是我国城乡居民收入差距的真实反映。本研究从城乡居民收入差距演变的阶段性特点判断山东省城乡居民收入差距的演变趋势。

3.3.1 山东省城乡家庭居民收入差距的阶段特征

以1978年的可比价格为标准，以城镇家庭居民人均可支配收入和农村家庭居民人均纯收入之差计算山东城乡家庭居民收入的绝对差距，以二者之比（倍数）作为相对差距，1978—2015年山东省城乡家庭居民收入差距见图3-1。

收入的绝对差距可以分为3个阶段，1978—1983年绝对差距较小且比较稳定，收入的绝对差距从1978年的277元降到1983年的187元，平均每年下降18元；1983—1998年绝对差距小幅持续增长，年均增长29.8元，差距扩大到634元；1998—2015年绝对差距大幅持续增长，至2015年增至2598元，年均增长152.8元。

收入的相对差距可以分为5个阶段，在1978—1983年，城乡收入的倍数从3.416迅速下降为1.585，下降了53.61%；1983—1993年，城乡收入的倍数从1.585上升为2.522，上升了59.14%；1993—1998年，城乡收入的倍数从2.522下降为1.995，下降了20.88%；1998—2009年，城乡收入的倍数从1.995上升为2.81，上升了40.85%；；2009—2015年，城乡收入的倍数从2.81下降为2.339，下降了14.63%。

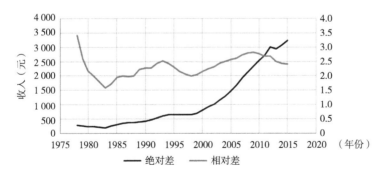

图3-1 1978—2015年山东省城乡家庭居民收入差距

总体上，山东省城乡家庭居民收入的绝对差距是持续增大的，从1978年的210元增大为2015年的3 232元，相对差距也下降了29.77%。城乡居民收入相对差距连续经历"下降—上升—下降"的波动，总共经历了3次下降、2次上升的过程。自2009年起，经历最近一次下降。把收入水平、绝对差距和相对差距结合起来考察山东省城乡家庭居民收入，能够更加全面了解山东省城乡差距的特征，见表3-10。表3-10中的数据均以1978年可比价格计算。

表3-10　1978—2015年山东省城乡家庭居民收入差距变化

年份	城市	乡村	绝对差	倍数	时期	相对差变化（%）	绝对差变化（%）
1978	392	115	277	3.42			
1983	506	319	187	1.58	1978—1983	−53.80	−32.49
1993	989	392	597	2.52	1983—1993	59.49	219.25
1998	997	513	634	2.00	1993—1998	−20.63	6.2
2009	1 071	584	2 336	2.81	1998—2009	40.50	268.45
2015	4 797	2 044	3 232	2.40	2009—2015	−14.59	38.36

资料来源：相关年份的《山东统计年鉴》。

发达国家城乡居民收入差距发展轨迹经历5个阶段：第一阶段，收入低水平、相对差距明显阶段。第二阶段，收入中低水平，差距迅速扩大阶段。第三阶段，收入中等水平，相对差距缩小阶段。第四阶段，收入中高水平，绝对差距同步缩小阶段。第五阶段，收入高水平，城乡一体化阶段。居民城乡收入基本相等，是从后工业化时期至高品质生活阶段发展的阶段。

1978年以前，山东城乡经济增速较低，人口增长较快，城乡居民属于收入水平低，相对差距明显的阶段，至1978年，山东省城乡居民收入差距达到历史最高值。1978—1983年，国家进入改革开放的初期阶段，经济增速增加，农村经济得到了较快增长，人口增长得到了有效控制，进入了一个绝对差距稳定，相对差距明显缩小的阶段。

1983—1993年，山东省城乡居民收入绝对差距、相对差距同时快速扩大。此阶段城市经济增长相对较快，农村经济相对持续减速，城乡差距的绝对值与相对值扩大为1983年以来的最高值。1993—1998年，山东省城乡绝对差距缓慢增长，相对差距明显缩小。1998—2009年，又是城乡绝对差距、相对差距同时明显扩大的阶段。2009—2015年，又是一个相对差距缩小、绝对差距扩大的阶段。

结合山东省绝对差距与相对差距变化的特点可以判断，自2009年起山东省城乡差距开始进入第三阶段，即收入中等水平，相对差距开始缩小阶段。由于国家城市化水平提高，城市化开始进入反哺农村的阶段，尽管绝对差距仍然在扩大，但增加值在减小；相对差距开始减小。与发达国家不同的是，山东人口众多，农业就业人口总量和比例过高，山东经历第三阶段所用的时间远远大于发达国家。现阶段山东处在第三阶段的初期，绝对差距则要保持相当长时期的继续递减的增长。

3.3.2　山东省17地市城乡家庭居民收入差距分类

根据前面的研究，山东省城乡居民收入差距在2009年达到最大，为便于观察山东城乡居民收入差距的地市格局，仍以1978年的可比价格为标准，采用城市居民收入、农村居民收入、城乡居民收入绝对差距、相对差距，利用SPSS统计软件对2009年、2016年17地市进行聚类分析，既可以划分17地市差距类型，也可以分析城乡差距演变的趋势，见表3-11。

表3-11　山东省17地市城乡居民收入及城乡差距类型

地区	2009年				地区	2016年			
	城镇收入（元）	农村收入（元）	绝对差距（元）	相对差距		城镇收入（元）	农村收入（元）	绝对差距（元）	相对差距
济南市	22 721	7 804	14 917	2.911	青岛市	43 598	17 969	25 629	2.426
东营市	21 313	7 327	13 986	2.909	济南市	43 052	15 346	27 707	2.806
青岛市	22 368	9 249	13 119	2.418	东营市	41 580	14 999	26 581	2.772
烟台市	21 125	8 642	12 483	2.444	淄博市	36 436	15 674	20 762	2.325
淄博市	19 284	8 013	11 271	2.407	烟台市	38 744	16 721	22 023	2.317
威海市	20 117	9 226	10 891	2.180	威海市	39 363	17 573	21 790	2.240
莱芜市	18 943	7 317	11 626	2.589	潍坊市	33 609	16 098	17 511	2.088
枣庄市	15 651	7 041	8 610	2.223	莱芜市	32 364	14 852	17 512	2.179
潍坊市	17 267	7 695	9 572	2.244	枣庄市	27 708	13 018	14 690	2.128
济宁市	15 163	6 470	8 693	2.344	济宁市	29 987	13 615	16 372	2.202
泰安市	17 672	6 600	11 072	2.678	泰安市	30 299	14 428	15 871	2.100
临沂市	16 572	5 883	10 690	2.817	日照市	28 340	13 379	14 962	2.118

（续表）

地区	2009年				地区	2016年			
	城镇收入（元）	农村收入（元）	绝对差距（元）	相对差距		城镇收入（元）	农村收入（元）	绝对差距（元）	相对差距
聊城市	15 957	5 539	10 418	2.881	临沂市	30 583	13 736	16 848	2.227
滨州市	17 500	6 245	11 255	2.802	德州市	30 859	11 646	19 213	2.650
日照市	15 795	6 558	9 237	2.409	聊城市	22 760	12 248	10 511	1.858
德州市	15 706	6 138	9 568	2.559	滨州市	23 277	11 387	11 890	2.044
菏泽市	12 737	5 047	7 690	2.524	菏泽市	22 122	10 705	11 417	2.067

资料来源：相关年份的《山东统计年鉴》。

2009年山东省17地市的城乡居民收入及城乡差距也分为7种类型。济南市、东营市为高收入，相对差距悬殊的类型；青岛市、烟台市、威海市、淄博市为高收入，差距明显的类型；莱芜市是收入水平较高，差距大的类型；枣庄市、潍坊市、济宁市是收入中等，差距明显的类型；泰安市、临沂市、聊城市、滨州市是收入中等，差距悬殊的类型；日照市、德州市是收入低下，差距明显的类型；菏泽市是收入最低，差距明显的类型。

2016年山东省17地市的城乡居民收入及城乡差距也仍分为7种类型。青岛市为高收入，差距明显的类型；济南市、东营市为高收入，差距悬殊的类型；淄博市、烟台市、威海市为中高收入，差距明显的类型；潍坊市、莱芜市是收入水平中等，差距明显的类型；枣庄市、济宁市、泰安市、日照市、临沂市是收入较低，差距明显的类型；德州市是收入较低，差距比较悬殊的类型；聊城市、滨州市、菏泽市是收入最低，差距明显的类型。

3.3.3　山东省城乡家庭居民收入增速

从发达国家居民收入占GDP变动的历史趋势看，美国、法国、德国、日本等发达国家在人均GDP从3 000美元增加到10 000美元的发展阶段，居民收入与国民经济实现同步增长。从国际经验看，一国经济增长只是其居民收入提高的必要条件，而非充分条件。墨西哥、马来西亚等国家，在20世纪70年代均进入了中等收入国家行列，劳动报酬在国民经济增长到一定阶段后，不仅没有上升，反而出现下降，落入了"中等收入陷阱"。

目前，山东省城乡居民收入的差距经历了长期扩大的过程，2010年起，相对差距才有比较明确的缓慢下降趋势，绝对差距因为增长的惯性，仍要继续扩大，这使山东城乡差距符合倒"U"模型的前景不明朗。应当从收入增长速度、城乡差距发展阶段、差距增长速度、代表省区城乡差距发展4个方面理解山东省城乡收入的特征和发展趋势。

表3-12是山东省17地市2001—2016年城乡家庭居民收入增速。

表3-12　山东省17地市2001—2016年城乡家庭居民收入增速（%）

地区	2001—2009年		2009—2016年		2001—2016年	
	城镇收入	农村收入	城镇收入	农村收入	城镇收入	农村收入
济南市	9.53	8.89	6.94	7.38	8.32	8.18
青岛市	10.65	8.58	7.37	7.20	9.11	7.93
淄博市	11.17	8.32	6.90	7.30	9.16	7.84
枣庄市	11.05	8.68	5.91	6.44	8.62	7.63
东营市	9.83	9.06	7.39	8.00	8.68	8.57
烟台市	10.61	8.61	6.45	7.13	8.65	7.92
潍坊市	9.53	7.21	7.35	8.34	8.51	7.73
济宁市	9.85	8.11	7.60	8.43	8.79	8.26
泰安市	10.21	7.76	5.43	9.02	7.95	8.35
威海市	9.21	7.63	7.43	6.89	8.38	7.29
日照市	8.89	7.56	6.11	7.95	7.59	7.74
莱芜市	11.08	7.06	5.37	7.87	8.38	7.44
德州市	12.24	7.93	6.68	7.49	9.61	7.72
聊城市	11.99	9.88	2.92	7.61	7.66	8.81
滨州市	9.18	7.16	3.02	8.07	6.26	7.58
临沂市	9.67	9.37	5.71	9.11	7.80	9.25
菏泽市	9.50	8.22	5.62	8.55	7.67	8.38

资料来源：相关年份的《山东统计年鉴》。

从表3-12可知，山东省17地市的城乡居民收入都得到了长足的进步。分阶段看，2001—2009年山东省17地市的城镇居民收入增速均高于农村居民收入增速；2009—2016年，绝大多数地市的农村居民收入增速高于城镇居民收入增速。总体而言，山东省17地市的城乡居民收入都取得了令人满意的增长。尽管有城乡居民收入增速过低的隐患，但相比历史时期，我国城乡居民收入增长的巨大成就应当是第1位的。现阶段收入差距过大正是伴随各省区的城乡居民收入长足进步而来的必然结果。

不理想的情况是2009—2016年泰安市、莱芜市、聊城市、滨州市、临沂市、菏泽市的城镇居民收入增速较低，聊城市与滨州市的收入增速过低，在17地市中垫底。

3.3.4　山东省城乡家庭居民收入差距趋势

如前所述，基于改革开放以来山东城乡居民收入的总体趋势，大多数学者都认为库兹涅茨倒"U"曲线在中国不成立，陈宗胜（2002）、魏君英（2015）则发表了不同的观点。如果山东的城乡居民收入差距能随着经济发展逐渐缩小，甚至弥合，那么山东经济发展的前景会更加光明，就会减轻牺牲性发展速度而设计制度、政策照顾公平的成本。如何判断山东城乡居民收入差距的未来发展趋势呢？可以从三个角度考虑：第一，从经济发展的阶段性规律判断。第二，从绝对差距与相对差距增速判断。第三，从省区个例推断国家的整体趋势。

与完成城市化的国家相比，山东处在整体劳动生产率、农业劳动生产率低下水平的阶段，加之农业就业比例过高的拖累，使山东城乡差距不可能处在明显缩小的阶段。但是，从城乡居民收入差距的增长速度的阶段性特点观察，山东城乡居民收入差距缩小的趋势已初露端倪。2009年是山东省城乡居民收入差距发展的标志年份，在2009年之前，绝对差距和相对差距同时增长，相对差距达到最大。2009年之后，山东城乡居民收入的相对差距减小，绝对差距仍在增加；由此观察，似乎山东城乡居民收入差距变化的趋势难以确定。结合差距增速分析，能够明显看出山东省城乡居民收入差距发展的趋势，见表3-13。

表3-13 山东省城乡居民收入差距增速

年份	绝对差（元）	相对差（元）	时期	增加		年均增速	
				绝对差（%）	相对差（%）	绝对差（%）	相对差（%）
1983	187	1.58	1978—1983	-32.49	-53.80	-6.50	-10.76
1993	597	2.52	1983—1993	219.25	59.49	21.93	5.95
1998	634	2.00	1993—1998	6.2	-20.63	1.24	-4.13
2009	2 336	2.81	1998—2009	268.45	40.50	24.40	3.68
2015	3 232	2.40	2009—2015	38.36	-14.59	6.39	-2.43

资料来源：相关年份的《山东统计年鉴》。

1978—1983年，山东省城乡居民收入的绝对差距减少了32.49%，相对差距减少了53.8%，年均增速分别为-6.5%、-10.76%。1983—1993年，收入的绝对差距增加了219.25%，相对差距增加了159.49%，年均增速分别为21.93%、5.95%。1993—1998年，山东省城乡居民收入的绝对差距增加了6.2%，相对差距减少了20.63%，年均增速分别为1.240%、-4.13%。1998—2009年，收入的绝对差距增加了268.45%，相对差距增加了40.5%，年均增速分别为24.4%、3.68%。2009—2015年，山东省城乡居民收入的绝对差距增加了38.36%，相对差距减少了14.59%，年均增速分别为6.39%、-2.43%。

1978—1983年，山东省城乡居民收入的绝对差距、相对差距同时大幅减小；1983—1993年，收入的绝对差距、相对差距同时大幅增加；1993—1998年，山东省城乡居民收入的绝对差距轻微增加，相对差距明显减少；1998—2009年，收入的绝对差距、相对差距同时大幅增加；2009—2015年，山东省城乡居民收入的绝对明显差距增加，相对差距轻微减少。从山东省城乡居民收入差距扩大与缩小的演变过程可见，山东省城乡居民收入正在转入相对差距缩小，绝对差距增速放缓的阶段。这标志着山东省正在经历城乡绝对差距继续扩大，但增速逐步降低，相对差距开始缩小，直至城乡收入绝对差距继续扩大至最大时为止。2009为转折年，表3-14从山东省17地市城乡收入差距类型的演变反映出山东省城乡居民收入差距发展趋势。

表3-14　山东省17地市城乡家庭居民收入差距变化（元）

地区	2009年				2016年			
	城镇收入	农村收入	绝对差距	相对差距	城镇收入	农村收入	绝对差距	相对差距
济南市	22 721	7 804	13 472	2.911	43 052	15 346	25 083	2.805
青岛市	22 368	9 249	14 355	2.418	43 598	17 969	27 924	2.426
淄博市	19 284	8 013	12 243	2.407	36 436	15 674	23 418	2.325
枣庄市	15 651	7 041	8 324	2.223	27 708	13 018	12 709	2.128
东营市	21 313	7 327	12 671	2.909	41 580	14 999	24 859	2.772
烟台市	21 125	8 642	13 430	2.444	38 744	16 721	22 646	2.317
潍坊市	17 267.3	7 695	10 797	2.244	33 609	16 098	19 994	2.088
济宁市	15 163	6 470	8 563	2.344	29 987	13 615	15 559	2.202
泰安市	17 672	6 600	8 446	2.678	30 299	14 428	12 726	2.100
威海市	20 117	9 226	13 559	2.180	39 363	17 573	25 984	2.240
日照市	15 795	6 558	8 478	2.409	28 340	13 379	13 488	2.118
莱芜市	18 943	7 317	13 061	2.589	32 364	14 852	20 718	2.179
临沂市	16 572	5 882.5	10 434	2.817	30 859	11 646	18 611	2.650
德州市	15 706	6 138.4	10 167	2.559	22 760	12 248	11 373	1.858
聊城市	15 957	5 539	9 712	2.881	23 277	11 387	9 541	2.044
滨州市	17 500	62 45	12 453	2.802	30 583	13 736	19 878	2.226
菏泽市	12 737	5 047	12 737	2.524	22 122	10 705	22 122	2.067

资料来源：相关年份的《山东统计年鉴》。

　　尽管山东省城乡差距由1983年的差距中等演变为2015年的差距悬殊，相对低等收入地市占多数的状态，但仍有两个可喜的迹象。第一是除了东营市、济宁市之外，大多数地市的相对差距都有缩小；其中，有8地市的相对差距轻微缩小，有7地市的相对差距明显缩小。所有地市的城乡居民收入绝对水平都有实质的飞跃。济南市、青岛市、淄博市、烟台市、潍坊市、威海市的城乡收入都属于高水平，这些地市的城乡居民收入水平的提高和差距缩小对山东省城乡居民收入演变有指示意义。

从收入增速看，山东省17地市的城乡居民收入都得到了长足的进步，现阶段收入差距过大正是伴随山东省17地市的城乡居民收入长足进步而来的必然结果，差距扩大有其积极的意义；山东省处在整体劳动生产率上升、农业劳动生产率相对低下水平的阶段，城乡差距不可能处在明显缩小的阶段；从城乡居民收入差距的增长速度的阶段性特点观察，2009—2015年，山东省城乡居民收入绝对差距的年均增速明显减小、相对差距是负增长的态势；山东省城乡家庭居民收入从极低水平、差距悬殊的状态演变为中等收入水平、绝对差距继续扩大、相对差距缩小的状态。从个别省（区）城乡收入差距类型的演变看，山东省城乡居民收入差距有明显缩小的趋势。从城乡居民收入差距演变的阶段性特点分析，山东省城乡居民收入差距有明显缩小的趋势，符合倒"U"模型。

3.4 山东省城镇居民收入来源贡献特点

3.4.1 山东省城镇居民收入增长特点

城镇居民可支配收入是指城镇居民可用于最终消费支出和其他非义务性支出以及储蓄的总和，即居民家庭可以用来自由支配的收入。城镇居民可支配收入包括工资性收入、经营净收入、财产性收入、转移性收入。工资性收入，指就业人员通过各种途径得到的全部劳动报酬，包括所从事主要职业的工资以及从事第二职业、其他兼职和零星劳动得到的其他劳动收入。经营净收入，指家庭成员从事生产经营活动所获得的净收入，是全部生产经营收入中扣除生产成本和税金（但不扣除个人所得税）后所得的收入。财产性收入，指家庭拥有的动产（如银行存款、有价证券）、不动产（如房屋、土地等）所获得的收入，包括出让财产使用权所获得的利息、租金、专利收入；财产营运所获得的红利收入、财产增值收益等。转移性收入，指国家、单位、社会团体对居民家庭的各种转移支付和居民家庭间的收入转移。包括政府对个人收入转移的离退休金、失业救济金、赔偿等；单位对个人收入转移的辞退金、保险索赔、住房公积金等；家庭间的赠送和赡养等。

伴随着改革开放事业的不断发展，我国城镇居民收入也不断增长；同时，城镇居民各项收入的比例也在发生变化。表3-15是山东省城镇居民收入增长及其构成情况。

表3-15　山东省城镇居民可支配收入及构成

年份	当年值 （元）	可比值 （元）	时期	年均增速 （％）	工资性 （％）	经营性 （％）	财产性 （％）	转移性 （％）
1964	211	192						
1983	537	471	1964—1983	4.84				
1984	639	551			91.51	0.06	0.00	8.44
1996	4 890	1 104	1983—1996	6.77	88.28	0.09	2.11	9.52
2002	7 615	1 655	1996—2002	6.98	82.16	1.90	0.97	14.97
2012	25 755	4 447	2002—2012	10.39	70.90	9.36	2.52	17.22
2016	34 012	5 436	2013—2016	5.15	64.13	14.05	8.06	13.76

资料来源：相关年份的《山东统计年鉴》。

表3-15第二列是按照当年价格统计的山东城镇居民人均收入，为了便于对比，把各年份城镇居民收入统一以1952年的价格换算为第三列的可比值。从表3-15可见，山东省农村人均纯收入是不断上升的态势，以当年价格计算，山东省城镇居民收入从1964年的211元增长为2016年的34 012元，增长161.2倍，山东省城镇居民人均纯收入的年均增速为10.27%。以1952年可比价格计算，山东省城镇居民收入从1964年的192元增长为2016年的5 436元，增长28.13倍；山东省城镇居民人均纯收入的可比年均增速为6.64%。1964—2016年，山东省城镇居民收入的增长可以分为5个阶段。

一是1964—1983年缓慢增长阶段。1964年山东省城镇居民可支配收入只有192元，1983年增长到471元，可比年均增速为4.84%，这一时期时间跨度最长，城镇居民可支配收入增速最慢。

二是1983—1996年增速逐步提升的阶段。山东省城镇居民可支配收入从471元增长到1 104元，年均增速有所恢复，增速从4.84%上升为6.77%。

三是1996—2002年较高速增长阶段。城镇居民收入的年均增速达6.98%。从1996年的1 104元增加到1 655元。

四是2002—2012年高速发展的阶段。城镇居民收入的年均增速达10.39%。从2002年的1 655元增加到4 447元。这一时期，山东省城镇居民收入增加了2 633元，增加了145%。与1997—2002的增长阶段一起，形成了自1997—2015年的一个为期15年的高速增长阶段，这一阶段山东省城镇居民收入的增速达到了9.68%。

五是2012—2016年稳定增长阶段。这个阶段山东城镇居民收入增长速度为5.15%，这是山东省城镇居民收入经历低速增长、较高速增长、高速增长阶段之后的新阶段，达到了近13年来最高值。

总体来看，山东省农村居民纯收入增长态势稳定，虽然增长幅度以及年增长速度有所波动，但总体上仍是上升趋势。

3.4.2 山东省城镇居民收入来源贡献特点

从历年山东省城镇居民收入的组成看，1984年山东省城镇居民收入中，工资性收入占比高达91.51%，经营性收入与财产性收入几乎为零，转移性净收入为8.44%。直到1997年，工资性收入占比仍然高达88.7%，经营性收入占比为0.14%，财产性收入占比为2.28%，转移性净收入占比为8.87%。2003工资性收入占比为81.9%，经营性收入占比为2.52%，财产性收入占比为1.21%，转移性收入增长14.37%。2012年，工资性收入占比为70.9%，经营性收入占比为9.36%，财产性收入占比为2.52%，转移性收入占比为17.22%。2016年，工资性收入占比为64.13%，经营性收入占比高达14.05%，财产性收入占比高达8.06%，转移性收入占比下降13.76%。

从1984—1996年，财产性收入增长最为明显；2002年转移性收入占比增长最高，经营性收入占比增长也十分明显。相对的，工资性收入占比降至82.16%。2012年，经营性收入占比进一步增长，转移性收入占比增长迅速；工资性收入占比进一步降至70.9%。2016年，财产性收入占比增长最高，经营性收入占比增长明显，工资性收入与转移性收入占比下降明显。

工资性收入包括工资、实物福利和其他因工作获得的收入。经营净收入包括从事第一产业、第二产业和第三产业净收入。财产净收入包括城镇居民的利息净收入、红利收入、储蓄性保险净收益、转让承包土地经营权租金净收入、出租房屋净收入、出租其他资产净收入、自有住房折算净租金。转移性收入包括养老金或离退休金、社会救济和补助、政策性生活补贴、报销医疗费、家庭外出从业人员寄回或带回收入、赡养收入、其他经常转移收入以及从政府和组织得到的实物产品和服务折价。从收入来源的主动性看，工资性收入、经营性收入、财产性收入属于主动性收入，转移性收入属于被动性收入。工资性收入中，工资占绝对高的比例；经营净收入中，来自第一产业的净收入占比超过一半，来自第三产业的净收入约占1/3；财产净收入中，转让承包土地经营权租金净收入占比约为50%，其次是利息收入，约占20%；转移性净收入中，养老金或离退休金约占1/3，家庭外出从业人员寄回或带回收入约占1/4。

从2016年山东城镇居民收入来源细分角度看，工资占比为61.46%，养老金或离退休金占比为18.07%，第三产业经营净收入占比为10.61%，自有住房折算净租金占比为5.3%，社会保障支出占比为4.92%。第二产业经营净收入占比为1.73%。第一产业经营净收入占比为1.71%。

山东省城镇居民收入从工资性收入占比90%以上演变为工资性收入占比64%，经营性收入占比为14%，财产性收入占比为8%，转移性净收入占比为14%。从国家和山东省城镇居民收入增长的时间变化特征看，总收入的增长与收入内部结构的调整是同步进行的；总收入水平提高的过程同时就是工资性收入占比持续下降和其他三项收入占比提高的过程。经营性收入占比提高最大，其次是财产性收入占比，最后是转移性收入占比。这三项收入占比提高的部分就是工资性收入占比下降的部分。

尽管全省城镇居民收入增加的过程伴随着工资性收入的下降，这一结论也适合每一地市本身纵向发展比较，但不能简单地在任何具体年份17地市横向对比中应用这一结论，不能在同一个年份以各项收入的占比判断各地市城镇居民收入水平的高低。有些地市工资性收入占比明显低于别的地市，但其城镇居民收入并不高。比如，临沂市2016年工资性收入只占其城镇居民收入的55.16%，但其城镇居民收入在全省所有地市中属于低水平行列。总体上，城镇居民收入水平高的地市各项收入的水平都高。

从城镇居民收入构成的角度看，要提高每一地市的城镇居民收入，首先要发展区域经济，提高工薪阶层的工资；在经营净收入中，要努力提高第一产业的净收入和第三产业的净收入。要适当提高养老金或离退休金。从城镇居民个人角度看，也要努力提高第一产业的净收入和第三产业的净收入，提高转让承包土地经营权租金净收入和利息收入。

3.4.3 山东省城镇居民收入的区域格局演变

为了进一步把握城镇居民收入的演变趋势，有必要从城镇居民收入构成方面来探究城镇居民收入地区分异的空间演变动态特征。为此，这里考察山东省2002年与2016年城镇居民收入来源构成的贡献特征及其依据来源构成的区域类型划分情况。表3-16是2002年山东省17地市城镇居民收入来源构成情况。

表3-16　2002年山东省17地市城镇居民收入来源构成

地区	可支配收入	工资性收入		经营性收入		财产净收入		转移净收入	
		金额（元）	占比（%）	金额（元）	占比（%）	金额（元）	占比（%）	金额（元）	占比（%）
济南市	10 826.38	8 545.91	78.94	88.44	0.82	63.5	0.59	2 128.53	19.66
东营市	10 468.93	9 058.62	86.53	319.38	3.05	86.67	0.83	1 004.27	9.59
威海市	10 106.61	9 276.66	91.79	106.89	1.06	157.07	1.55	565.98	5.60
烟台市	9 780.19	8 420.97	86.10	259.01	2.65	83.45	0.85	1 016.76	10.40
青岛市	9 637.79	6 843.12	71.00	134.87	1.40	47.41	0.49	2 612.4	27.11
临沂市	8 603.55	7 615.15	88.51	32.95	0.38	127.75	1.48	827.69	9.62
莱芜市	8 244.24	7 414.27	89.93	29.58	0.36	153.63	1.86	646.75	7.84
山东省	8 158.13	6 702.95	82.16	155.09	1.90	79.12	0.97	1 220.97	14.97
淄博市	8 157.56	4 909.77	60.19	305.86	3.75	128.9	1.58	2 813.04	34.48
潍坊市	8 045.95	6 631.72	82.42	161.24	2.00	77.32	0.96	1 175.67	14.61
日照市	7 916.2	6 591.15	83.26	316.21	3.99	77.99	0.99	930.84	11.76
滨州市	7 889.5	6 704.83	84.98	293.6	3.72	106.43	1.35	784.64	9.95
泰安市	7 883.89	6 582.42	83.49	42.4	0.54	144.03	1.83	1 115.04	14.14
济宁市	7 638.26	6 798.01	89.00	98.97	1.30	50.59	0.66	690.68	9.04
枣庄市	6 856.34	6 222.78	90.76	327.39	4.77	20.38	0.30	285.79	4.17
德州市	6 87.03	6 089.71	89.73	52.45	0.77	88.81	1.31	556.05	8.19
菏泽市	5 909.99	5 257.18	88.95	81.28	1.38	57.75	0.98	513.78	8.69

资料来源：相关年份的《山东统计年鉴》。

从各项收入来源的贡献值分析，2002年山东省城镇居民工资性收入对城镇居民总收入贡献值最高，达82.16%；其次是转移性净收入，占比为14.97%；经营性收入仅占1.9%，财产净收入仅占0.97%。各地市的工资性收入贡献值都是最高的，各地市工资性收入对总收入的贡献值为71%～91.79%，各地市转移净收入对总收入的贡献值为4.17%～34.48%，各地市经营性收入对总收入的贡献值为0.36%～4.77%，各地市财产净收入对总收入的贡献值为0.3%～1.86%。

2002年各地市城镇居民收入水平划分为4种类型。高收入水平类型包括济南市、东营市、威海市、烟台市、青岛市；中高收入水平型包括临沂市、莱芜市；中等收入水平型包括淄博市、潍坊市、日照市、滨州市、泰安市；低收入水平型包括枣庄市、德州市、菏泽市。

分项目看，工资性收入从高到低的排名依次是高于9 000元的有威海市、东营市；高于8 000元的有济南市、烟台市；高于7 000元的有临沂市、莱芜市；高于6 000元的有青岛市、济宁市、滨州市、潍坊市、日照市、泰安市、枣庄市、德州市；低于6 000元的有菏泽市、淄博市。工资最高的威海市数值是最低的淄博市工资的1.9倍，极差为4 366.9元。山东省城镇居民工资收入的均值为6 703元，无论从绝对值还是相对值看，山东省17地市工资差距比较明显。

转移性收入的排名依次是高于2 000元的有淄博市、青岛市、济南市；超过1 000元不足1 200元的有潍坊市、泰安市、烟台市、东营市；超过500元不足1 000元的有日照市、临沂市、滨州市、济宁市、莱芜市、威海市、德州市、菏泽市，最低的菏泽市仅仅285.8元。转移性收入在17地市之间的极差也高达2 527元，最高值济南市为最低值日照市的9.8倍，无论从绝对值还是相对值看，山东省17地市转移性收入的差距比较明显。

经营性收入超过300元的有枣庄市、东营市、日照市、淄博市；超过200元的有滨州市、烟台市，超过100元的有潍坊市、青岛市、威海市，不足100元的有济宁市、济南市、菏泽市、德州市、泰安市、临沂市、莱芜市。17地市之间经营性收入的极差为298.7元，最高值枣庄市为最低值莱芜市的11.1倍。

财产性收入超过100元的有威海市、莱芜市、泰安市、淄博市、临沂市、滨州市，不足100元的有德州市、东营市、烟台市、日照市、潍坊市、济南市、菏泽市、济宁市、青岛市、枣庄市。17地市之间财产收入的极差为136.7元，最高值威海市为最低值枣庄市的7.7倍。

从4项收入的17地市差距看，极差最大的是工资性收入，其次为转移性收入，再次为经营性收入，最后为财产收入。从倍比看，差距最大是经营性收入，其次是转移性收入，再次是财产性收入，最后为工资性收入。济南市在转移性收入上遥遥领先其他地市，枣庄市、菏泽市、德州市、威海市则远远落后于其他地市。

2016年山东省17地市城镇居民收入来源构成情况见表3-17。

表3-17 2016年山东省17地市城镇居民收入来源构成

地区	可支配收入	工资性收入		经营性收入		财产净收入		转移净收入	
		金额(元)	占比(%)	金额(元)	占比(%)	金额(元)	占比(%)	金额(元)	占比(%)
青岛市	43 598	26 898	61.69	6 846	15.70	3 910	8.97	5 945	13.64
济南市	43 052	25 253	58.66	2 580	5.99	7 210	16.75	8 010	18.60
东营市	41 580	29 057	69.88	3 273	7.87	3 705	8.91	5 544	13.33
威海市	39 363	23 663	60.12	6 957	17.67	3 190	8.10	5 553	14.11
烟台市	38 744	22 832	58.93	6 911	17.84	3 718	9.60	5 283	13.64
淄博市	36 436	25 342	69.55	3 636	9.98	3 251	8.92	4 207	11.55
山东省	34 012	21 812	64.13	4 778	14.05	2 740	8.06	4 681	13.76
潍坊市	33 609	18 988	56.50	6 786	20.19	3 316	9.87	4 518	13.44
莱芜市	32 364	24 717	76.37	1 824	5.64	1 665	5.14	4 159	12.85
临沂市	30 859	17 021	55.16	10 417	33.76	1 892	6.13	1 530	4.96
滨州市	30 583	19 782	64.68	4 263	13.94	2 439	7.97	4 099	13.40
泰安市	30 299	20 726	68.40	3 293	10.87	2 349	7.75	3 932	12.98
济宁市	29 987	21 091	70.33	2 880	9.60	1 831	6.11	4 186	13.96
日照市	28 340	21 552	76.05	4 757	16.78	1 415	4.99	617	2.18
枣庄市	27 708	20 289	73.22	3 715	13.41	1 442	5.20	2 262	8.16
聊城市	23 277	17 139	73.63	3 654	15.70	1 463	6.29	1 021	4.39
德州市	22 760	14 404	63.29	5 264	23.13	1 583	6.95	1 509	6.63
菏泽市	22 122	10 408	47.05	5 147	23.27	2 221	10.04	4 346	19.65

资料来源：相关年份的《山东统计年鉴》。

2001—2016年，山东省城镇居民收入平均增速为10.74%，工资性收入平均增速为8.79%，经营性收入平均增速高达27.74%，财产性收入增速为28.81%，转移性收入增速为10.08%。财产性收入占比增长最高，经营性收入占比增长明显，工资性收入与转移性收入占比下降明显。在此期间，财产性收入增速与经营性收入增速非常高，转移性收入增速略高于前两者增速的1/3，工资性收入的增速最低。2016年，工资性收入占比由82.16%下降为64.13%，经营性收入占比由1.9%上升为14.05%，财产性收入占比由0.97%上升为8.06%，转移性收入占比由14.97%下降为13.76%。

2016年各地市城镇居民收入水平划分为5种类型。高收入水平类型包括青岛市、济南市、东营市、威海市、烟台市；中高收入水平型包括淄博市；中等收入水平型包括潍坊市、莱芜市；中低收入水平类型包括临沂市、滨州市、泰安市、济宁市、日照市、枣庄市；低收入水平类型包括聊城市、德州市、菏泽市。

分项目看，工资性收入从高到低的排名依次是，高于25 000元的有东营市、青岛市、淄博市、济南市；高于20 000元的有莱芜市、威海市、烟台市、日照市、济宁市、泰安市、枣庄市；高于15 000元的有滨州市、潍坊市、聊城市、临沂市；低于15 000元的有德州市、菏泽市。工资最高的东营市数值是最低的菏泽市工资的2.8倍，极差为18 649元。山东省城镇居民工资收入的均值为21 812元，无论是绝对值还是相对值，山东省17地市工资差距十分明显。

经营性收入的排名依次是超过10 000元有临沂市；超过6 000元不足7 000元的有威海市、烟台市、青岛市、潍坊市；超过4 000元不足5 300元的有德州市、菏泽市、日照市、滨州市；超过3 000元的有枣庄市、聊城市、淄博市、泰安市、东营市；不足3 000元的有济宁市、济南市；不足2 000元的有莱芜市。尽管经营性收入占总收入的比例远不及工资性收入，但是17地市之间经营性收入的极差也高达8 593元，最高值临沂为最低值莱芜市的5.71倍。

转移性收入的排名依次是超过8 000元的有临沂市；超过5 000元不足6 000元的有青岛市、威海市、东营市、烟台市；超过4 000元不足5 000元的有潍坊市、菏泽市、淄博市、济宁市、莱芜市、滨州市；泰安市转移性收入3 932元，枣庄市转移性收入为2 262元，不足2 000元的有临沂市、德州市、聊城市；最低的日照市仅617元。尽管山东省城镇居民收入中转移性收入占比不足14%，但17地市之间的极差也高达7 393元，最高值济南市为最低值日照市的12.98倍。

财产性收入的排名依次是超过7 000元的有济南市；超过3 000元不足4 000元的有青岛市、烟台市、东营市、潍坊市、淄博市、威海市；超过2 000元不足3 000元的有滨州市、泰安市、菏泽市；不足2 000元的有临沂市、济宁市、莱芜市、德州市、聊城市、枣庄市、日照市。17地市之间财产性收入的极差也高达5 795元，最高值临沂为最低值莱芜市的5.09倍。

从4项收入的17地市差距看，极差最大的是工资性收入，其次为经营性收入，再次为转移性收入，最后为财产性收入。从倍比看，差距最大是转移性收入，其次是经营性收入，再次是财产性收入，最后为工资性收入。济南市在财产性收入与转移性收入上遥遥领先其他地市，日照市、聊城市、德州市、枣庄市则远远落后于其他地市。

3.5 山东省农村居民收入来源贡献特点

农民收入增加一直是"三农"问题的关键所在，也是学术界关注的重点。就现有文献看，学者们纷纷从不同的研究视角，利用不同的研究方法对农民收入的有关问题进行探索和研究。对农村居民纯收入的研究大致可分为以下方面：在研究尺度上，宏观尺度研究居多，大多是从全国范围内对农民收入进行研究，如刘长庚、王迎春从农民纯收入构成的研究视角，利用GE系数分解方法对我国农民收入差距及其变化趋势进行研究，得出我国农民收入差距呈现稳中有降的变化趋势，财产性收入差距最大，工资性收入和家庭经营性收入差距对农民纯收入差距的贡献最大。其次是省际间或区域间的农村居民收入差距研究，如陈冲利用基尼系数分解的方法对1996—2008年我国省际间农民收入差距进行研究，发现工资性收入是造成省之间农民收入不平等的主要原因，并推测我国2000年之后推行的各项惠农政策在一定程度上使省与省之间的差距拉大。祝伟、王晓文和杨晓贝以2013年各省农村居民收入数据为研究对象，利用SPSS聚类分析对全省农村居民收入进行分类，并得出省际间的差距正随着经济的发展进一步扩大。研究了我国各省份之间的农民收入差距，刘玉、刘彦随和郭丽英对1980—2007年我国环渤海地区农村居民纯收入的地域差异、空间分异规律及其变动进行了研究，认为环渤海地区农村居民收入分布格局变化不大，但绝对差异增大，相对差异波动性缩小。翟彬和童海滨研究了我国东中西部地区农民收入差距。

3.5.1 山东省农村居民收入增长特点

农村居民收入来源与城镇居民可支配收入相似，也包括工资性收入、经营净收入、财产性收入、转移性收入4个方面。与城镇居民收入不同的是，收入构成的比例不同。表3-18是山东省农村居民收入增长及其构成情况。

表3-18　山东省农村居民纯收入及构成

年份	当年值（元）	可比值（元）	时期	年均增速（%）	工资性（%）	经营性（%）	财产性（%）	转移性（%）
1978	114.6	114.6			71.90	18.15	5.93	4.01
1984	395	344.4	1978—1984	20.13	15.97	79.57	1.01	3.44
1992	802.9	365.8	1984—1992	0.76	28.45	66.82	1.91	2.83
1998	2 452.8	636.8	1992—1998	9.68	29.46	65.36	2.00	3.18
2004	3 507.4	856.3	1998—2004	5.06	33.59	61.23	1.85	3.33
2015	12 930.4	2 324.8	2004—2015	9.50	39.75	45.29	2.52	12.44
2016	13 954.1	2 464.1	2015—2016	5.99	39.91	44.91	2.57	12.61

资料来源：相关年份的《山东统计年鉴》。

表3-18第二列是按照当年价格统计的山东省农村居民人均收入，第三列是按照1978年价格统计的山东省农村居民人均收入。从表3-18可见，山东省农村人均纯收入呈不断上升态势，以当年价格计算，山东省农村居民收入从1978年的114.6元增长为2016年的13 954.1元。以1978年可比价格计算，山东省农村居民收入从1964年的114.6元增长为2016年的2 464.1元，增长21.5倍，可比年均增速为8.41%。1978—2016年，山东省城镇居民收入的增长可以分为6个阶段。

一是1978—1984年飞速增长阶段。1978年山东省农村居民纯收入只有114.6元，1984年增长到344.4元，可比年均增速高达20.13%，在这短暂的6年时间，山东省农村居民纯收入获得了飞速增长。伴随着收入增长，农村居民纯收入构成发生了根本性变化，工资性收入从71.9%骤降至15.97%，下降了55.93%。经营性收入从18.15%骤升至79.57%，上升了61.42%。这一时期是山东省农村居民收入增速最高的黄金时期。1979年之前，国家在农村实行政社合一的人民公社制度，严重地阻碍了农村经济的发展。1979年开始的农村改革在广大农村迅速铺开，联产承包责任制越来越显现出优越性，1982年五届人大第二次会议作出了改变农村人民公社政社合一的体制、重新设立乡政权的决定。承包责任制提高了农民的生产积极性，极大地释放了生产力，使得农村居民收入获得了极大的提高。1978年的工资性收入的绝大部分其实都是来自农业生产的收入，1984年的工资性收入应该是真实的来自非农业生产的收入。

二是1984—1992年基本停滞阶段。山东省农村居民可比收入从344.4元增长到365.8元，是1978年以来年均增速最低的阶段，1992年的工资性收入占比为28.45%，经营性收入占比为66.82%。农村居民收入的绝对支柱仍然来自农业生产收入，第二大收入来自农业生产之外的收入，1992年的工资性收入较1984年有大幅提高。1992年的工资性收入占比上升为28.45%，经营性收入占比下降为66.82%。农村居民收入的来源结构发生了本质变化。

三是1992—1998年高速增长阶段。山东省农村居民收入的年均增速达到9.68%，从365.8元增加到636.8元，这是继基本停滞阶段后的一个6年期的高速增长阶段。1998年的工资性收入占比为29.46%，经营性收入占比为65.36%。农村居民收入的来源结构基本未变。

四是1998—2004年中速发展阶段。山东省农村居民收入年均增速降为5.06%，达到856.3元。2004年的工资性收入占比进一步增加到33.59%，经营性收入占比下降为61.23%。农村居民收入的来源结构发生明显变化。

五是2004—2015年稳定增长阶段。这个阶段山东省农村居民收入增长速度为6.15%，这是继1992—1998年高速增长后的又一个高速增长阶段，而且这一阶段持续的时间最长，达11年，农村居民收入有了根本性的提高。2015年的工资性收入占比增长到39.75%，经营性收入占比下降为45.29%，转移性收入占比骤升至12.44%。农村居民收入的来源结构发生了革命性改变。这体现在工资性收入进一步接近经营性收入，更重要的是转移性收入占比超过10%，达到12.44%。

六是2015—2016年是增长的转折点。山东省农村居民收入的年均增速降为5.99%，工资性收入占比轻微增长为39.91%，经营性收入占比相应轻微下降为44.91%。

3.5.2　山东省农村居民收入来源贡献特点

从历年山东省农村居民收入的组成看，1978年山东省农村居民收入中，工资性收入占比高达71.9%，经营性收入占比为18.15%，财产性收入占比为5.93%，转移性净收入占比为4.01%。1978年山东省农村居民收入中工资性收入的占比非常高，并不完全是农村居民个人真正地通过受雇于单位或个人、从事各种非农业生产的自由职业、兼职和零星劳动得到的全部劳动报酬和福利。1978年农村居民收入中，来自非农业的收入比例非常低，农村居民收入的绝大部分来自农业生产。改革开放后，农村被允许发展多种经营，可以兴办乡镇企业，农民可以从事非农业生产，工资性收入逐步增加。

那么如何理解1978年山东省农村居民收入中工资性收入占比非常高的现象呢？其实，这种现象在国家的其他省（区）也存在。原因是人民公社化时期，土地归集体所有，以生产队（小队或大队）为单位集体生产，要求每个农村社员必须参加生产队集体劳动，农民不能自主经营农业生产，也很难从事农业之外的生产。给予社员的劳动报酬都以工分计酬，由生产队核算。工分制管理把每个人的劳动量用积累工分计算，生产队每年粮食产量除去每个社员定粮（毛粮）、上交国家公粮及猪牛吃的饲料，剩余粮食按工分分配工分粮。劳动者的工分与工分粮挂钩，多得工分就能多得工分粮。改革开放前全国农村的普遍现象一是粮食产量不高，二是副业生产举步维艰。工分年代，由于口粮短缺，生产队劳动力不准外流，各类工匠、手艺人都严格控制在生产队里，社办工厂少，绝大部分社员还是在生产队里挣工分。这种工分制的分配制度使得改革开放前甚至改革开放后的前几年里，农民收入的绝大部分来自集体从事种植业的工资性收入的独特特征。这个时代的农民自主经营收入非常低，农民中享受如同当前意义的工资收入的人比例非常低。

改革开放后，实行承包责任制，农村居民收入中的经营性收入占比提高，实则是把人民公社时期的工分分配与自主经营收入合并；而工资性收入则是真正受雇于单位或个人、从事各种非农业生产的自由职业、兼职和零星劳动得到的全部劳动报酬和福利。此后的工资性收入占比不断提高，反映了农村劳动力可以从事非农业生产的比例和收入提高的现实。

1984年，山东省农村基本实现了承包责任制，农村居民收入中的工资性收入占比降至15.97%，经营性收入占比上升至79.57%，财产性收入占比为1.01%，转移性收入占比为3.44%。这一年各项收入的统计口径与现在的分项口径相同，反映了当时农村居民收入中工资性收入低下的真实情况。1984年农村的多种经营开始发展，乡镇企业都已经蓬勃发展。据此推断，1978年之前的农村居民收入中，工资性收入占比应当不足10%。

1992年工资性收入占比上升为28.45%，上升比较明显；1998年工资性收入占比上升为29.46%，上升十分缓慢；2004年工资性收入占比上升为33.59%，上升比较明显；2016年工资性收入占比上升为39.91%，已经接近总收入的40%。经营性收入的变化与工资性收入正好相反，由1992年的66.82%下降为2016年的44.91%。财产性收入的变化最为缓慢，仅从1992年

的1.91%上涨为2016年的2.57%。转移性收入增长明显，从1992年的2.83%
上升为2016年的12.61%。

从2016年山东农村居民收入来源细分角度看，工资性收入占比为
39.6%，种植业经营净收入占比为22.43%，第三产业经营净收入占比为
14.28%，养老金或离退休金占比为5.04%，来自家庭外出从业人员寄回工资
占比为4.58%，第二产业经营净收入占比为3.35%，来自牧业的经营性收入
占比为3.22%，医疗报销费占比为1.88%，惠农补贴占比为1.64%，林业的经
营性收入占比为1.26%，转让承包土地经营权的租金净收入占比为1.22%，
其他经常转移收入占比为1.12%，赡养收入占比为1%。从当前农村居民收入
的构成看，要提高农村居民收入，仍然要致力于农村剩余劳动力的转移，进
一步提高工资性收入水平。要依托种植业经营，提高第三产业与第二产业经
营收入，使农村经济实力进一步提升。应该持续发力，继续推动农业产业化
发展与农村第三产业的发展。

除了从振兴农村经济角度提高农村居民收入之外，社会和个人也可以为
提高农村居民收入作出更大的贡献。要进一步提高养老金或离退休金、医疗
报销费与惠农补贴，鼓励引导甚至立法提高赡养收入比例，创新转让承包土
地经营权，提高土地经营权的租金净收入和利息收入。

3.5.3　山东省农村居民收入的区域格局演变

为了进一步把握城镇居民收入的演变趋势，有必要从城镇居民收入构
成方面来探究城镇居民收入地区分异的空间演变动态特征。因为山东自2002
年以来开始统计各地市农村居民收入来源的数据，在此，本研究考察山东省
2002年与2016年城镇居民收入来源构成的贡献特征及其依据来源构成的区域
类型划分情况。表3-19是2002年山东省17地市城镇居民收入来源构成情况。

表3-19　2002年山东省17地市农村居民收入来源构成

地区	家庭总收入（元）	工资性收入		经营性收入		财产净收入		转移净收入	
		金额（元）	占比（%）	金额（元）	占比（%）	金额（元）	占比（%）	金额（元）	占比（%）
青岛市	6 190.8	1 820.3	29.40	4 117.3	66.51	126.8	2.05	126.5	2.04
威海市	5 797.5	1 989.2	34.31	3 551.4	61.26	63.4	1.09	193.5	3.34

（续表）

地区	家庭总收入（元）	工资性收入		经营性收入		财产净收入		转移净收入	
		金额（元）	占比（%）	金额（元）	占比（%）	金额（元）	占比（%）	金额（元）	占比（%）
日照市	5 352.0	1 120.4	20.93	4 059.7	75.86	43.9	0.82	128.0	2.39
潍坊市	5 310.1	1 474.0	27.76	3 638.7	68.52	49.7	0.94	147.7	2.78
东营市	5 113.8	846.6	16.56	4 004.1	78.30	83.4	1.63	179.7	3.51
烟台市	4 888.8	1 736.3	35.52	2 820.2	57.69	93.8	1.92	238.4	4.88
淄博市	4 711.4	1 994.0	42.32	2 396.3	50.86	73.6	1.56	247.5	5.25
莱芜市	4 600.0	1 112.4	24.18	3 297.5	71.69	59.3	1.29	130.9	2.84
济宁市	4 447.5	994.3	22.36	3 164.2	71.15	85.9	1.93	203.2	4.57
济南市	4 422.0	1 349.0	30.51	2 719.5	61.50	126.7	2.87	226.8	5.13
山东省	4 330.4	1 056.7	24.40	3 018.5	69.71	52.2	1.21	203.0	4.69
泰安市	4 272.1	1 173.6	27.47	2 815.2	65.90	27.0	0.63	256.5	6.00
枣庄市	4 230.6	981.8	23.21	3 017.0	71.31	67.3	1.59	164.5	3.89
滨州市	3 893.8	763.5	19.61	2 942.6	75.57	70.8	1.82	117.0	3.00
临沂市	3 805.1	1 003.1	26.36	2 606.7	68.51	35.1	0.92	160.3	4.21
聊城市	3 767.7	693.2	18.40	3 002.8	79.70	18.4	0.49	44.3	1.18
德州市	3 719.6	845.9	22.74	2759.7	74.19	34.9	0.94	79.1	2.13
菏泽市	3 255.3	459.4	14.11	2 668.3	81.97	9.5	0.29	118.1	3.63

资料来源：相关年份的《山东统计年鉴》。

从各项收入来源的贡献值分析，2002年，经营性收入对山东省农村居民总收入贡献值最高，达到69.71%；其次是工资性净收入，占比为24.4%；转移性收入占比为4.69%，财产净收入占比仅为1.21%。各地市经营性收入对总收入的贡献值为50.86%～81.97%，各地市工资性收入对总收入的贡献值为14.11%～42.32%，各地市转移净收入对总收入的贡献值为1.18%～6%，各地市财产净收入对总收入的贡献值为0.29%～2.87%。

2002年各地市农村居民收入水平划分为5种类型。高收入水平类型包括青岛市、威海市；中高收入水平类型包括日照市、潍坊市、东营市、烟台市；中等收入水平类型包括淄博市、莱芜市、济宁市、济南市、泰安市、枣庄市；较低水平类型包括滨州市、临沂市、聊城市、德州市。低收入水平类型包括菏泽市。

分项目看，经营性收入超过4 000元的有青岛市、日照市、东营市；超过3 500元的有潍坊市、威海市；超过2 900元的有莱芜市、济宁市、枣庄市、聊城市、滨州市；超过2 600元的有烟台市、泰安市、德州市、济南市、菏泽市、临沂市；不足2 600元的有淄博市。17地市之间经营性收入的极差1 721元，最高值枣庄市为最低值莱芜市的1.7倍，17地市之间的绝对差距十分明显，但相对差距较小。

工资性收入从高到低的排名依次是，高于1 700元的有淄博市、威海市、青岛市、烟台市；高于1 300元的有济南市、潍坊市；高于1 000元的有泰安市、日照市、莱芜市、临沂市；高于800元的有济宁市、枣庄市、东营市、德州市；低于800元的有滨州市、聊城市、菏泽市、淄博市。工资最高的淄博市数值是最低的菏泽市工资的4.3倍，极差为1 534.6元。山东省农村居民工资性收入的均值为1 056.7元，从绝对值和相对值看，山东省17地市工资差距比较明显。

转移性收入的排名依次是超过200元的有泰安市、淄博市、烟台市、济南市、济宁市；超过150元的有威海市、东营市、枣庄市、临沂市；超过100元的有潍坊市、莱芜市、日照市、青岛市、菏泽市；不足100元的有德州市、聊城市。转移性收入在17地市之间的极差212元，最高值泰安市为最低值聊城市的5.8倍，绝对值差距较小，相对差距明显。

财产性收入超过100元的有青岛市、济南市；超过70元的有烟台市、济宁市、东营市、淄博市、滨州市；超过40元的有枣庄市、威海市、莱芜市、潍坊市、日照市；不足40元的有临沂市、德州市、泰安市、聊城市、菏泽市。17地市之间财产收入的极差117.37元，最高值青岛市为最低值枣庄市的13.4倍，绝对值差距小，相对差距巨大。

从4项收入的17地市差距看，极差最大的是经营性收入，其次为工资性收入，两者的差距比较接近，再次为经营性收入，最后为财产收入。从倍比看，差距最大是财产性收入，其次是转移性收入，再次是工资性收入，最后为经营性收入。青岛市、济南市在财产性收入上遥遥领先其他地市，泰安市、淄博市、烟台市、济南市、济宁市在转移性收入上领先，菏泽市、聊城市在这两项收入上都十分落后。

2016年山东省17地市农村居民收入来源构成情况见表3-20。

表3-20　2016年山东省17地市农村居民收入来源构成

地区	家庭总收入（元）	工资性收入		经营性收入		财产净收入		转移净收入	
		金额（元）	占比（%）	金额（元）	占比（%）	金额（元）	占比（%）	金额（元）	占比（%）
青岛市	17 969.0	10 074.2	56.06	7 380.7	41.07	256.6	1.43	257.6	1.43
威海市	17 573.1	9 110.1	51.84	5 226.2	29.74	296.0	1.68	2 940.8	16.73
烟台市	16 720.9	7 376.2	44.11	6 992.4	41.82	731.3	4.37	1 620.9	9.69
潍坊市	16 097.9	9 202.5	57.17	5 056.8	31.41	537.1	3.34	1 301.5	8.08
淄博市	15 674.0	12 194.1	77.80	2 020.0	12.89	385.0	2.46	1 075.0	6.86
济南市	15 345.6	8 671.5	56.51	5 713.2	37.23	308.8	2.01	652.0	4.25
东营市	14 998.6	6 898.9	46.00	6 212.0	41.42	1 421.2	9.48	466.5	3.11
莱芜市	14 851.7	6 756.9	45.50	6 702.5	45.13	172.1	1.16	1 220.3	8.22
泰安市	14 428.0	9 848.4	68.26	3 176.8	22.02	209.8	1.45	1 193.1	8.27
山东省	13 954.1	5 569.1	39.91	6 266.6	44.91	358.7	2.57	1 759.7	12.61
临沂市	13 735.8	4 980.4	36.26	6 736.0	49.04	304.3	2.22	1 715.2	12.49
济宁市	13 615.1	8 979.1	65.95	3 862.4	28.37	119.5	0.88	654.1	4.80
日照市	13 378.9	8 314.0	62.14	4 366.5	32.64	92.4	0.69	605.9	4.53
枣庄市	13 017.8	7 294.3	56.03	4 567.0	35.08	80.3	0.62	1 076.3	8.27
聊城市	12 248.4	6 201.1	50.63	4 571.8	37.33	114.1	0.93	1 361.3	11.11
德州市	11 646.3	6 213.6	53.35	4 459.2	38.29	147.2	1.26	826.4	7.10
滨州市	11 387.1	5 014.9	44.04	4 644.1	40.78	207.0	1.82	1 521.1	13.36
菏泽市	10 704.8	3 346.3	31.26	4 077.6	38.09	68.0	0.64	3 212.9	30.01

资料来源：相关年份的《山东统计年鉴》。

2002—2016年，山东省农村居民收入平均增速为8.72%，工资性收入平均增速为12.61%，经营性收入平均增速为5.36%，财产性收入增速为14.76%，转移性收入增速为16.68%。转移性收入占比增长最高，财产性收入占比增长也非常高，工资性收入占比增速高，经营性收入占比增速较低。2016年各地市农村居民收入水平划分为5种类型。

高收入水平类型包括青岛市、济南市、东营市、威海市、烟台市；中高收入水平类型包括淄博市；中等收入水平类型包括潍坊市、莱芜市；中低收入水平类型包括临沂市、滨州市、泰安市、济宁市、日照市、枣庄市；低收入水平类型包括聊城市、德州市、菏泽市。

分项目看，工资性收入从高到低的排名依次是，高于10 000元的有淄博市、青岛市；高于8 000元的有泰安市、潍坊市、威海市、济宁市、济南市、日照市；高于6 000元的有烟台市、枣庄市、东营市、莱芜市、德州市、聊城市；高于4 000元的有滨州市、临沂市；低于4 000元的有菏泽市。工资最高的淄博市数值是最低的菏泽市工资的3.64倍，极差为8 848元。山东省17地市工资性收入的绝对差距巨大，相对差距明显。

经营性收入超过7 000元的有青岛市；超过6 000元的有烟台市、临沂市、莱芜市、东营市；超过5 000元的有济南市、威海市、潍坊市；超过4 000元的有滨州市、聊城市、枣庄市、德州市、日照市、菏泽市；超过3 000元的有济宁市、泰安市；不足3 000元的有淄博市。17地市之间经营性收入的极差5 361元，最高值青岛市为最低值淄博市的3.65倍。山东省17地市经营性收入也是绝对差距巨大，相对差距明显。

转移性收入超过2 000元的有菏泽市、威海市；超过1 500元的有临沂市、烟台市、滨州市；超过1 000元的有聊城市、潍坊市、莱芜市、泰安市、枣庄市、淄博市；超过500元的有德州市、济宁市、济南市、日照市，不足500元的东营市、青岛市；17地市之间转移性收入的极差2 955元，最高值菏泽市为最低值青岛市的12.47倍。山东省17地市转移性收入也是绝对差距很大，相对差距十分巨大。

财产性收入超过500元的有东营市、烟台市、潍坊市；超过300元的有淄博市、济南市、临沂市；超过200元的有威海市、青岛市、泰安市、滨州市；超过100元的有莱芜市、德州市、济宁市、聊城市；低于100元的有日照市、枣庄市、菏泽市。财产性收入在17地市之间的极差为1 353元，最高值东营市为最低值菏泽市的20.88倍，17地市之间转移性收入的绝对差距明显，相对差距非常的明显。

从4项收入的17地市差距看，极差最大的是工资性收入，其次为经营性收入，再次为转移性收入，最后为财产收入。从倍比看，差距最大是财产性收入，其次是转移性收入，再次是经营性收入，最后为工资性收入。菏泽市、威海市在转移性收入上遥遥领先其他地市，济宁市、济南市、日照市、东营市、青岛市则远远落后于其他地市。

4 山东省区域差异演变及趋势研究

区域经济差异既包括经济结构的差异，也包括经济发展水平的差异。经济差异是区域分工的重要原因，一定幅度范围内的区域经济差异有利于区域要素合理流动，有利于资源有效配置，也能促进产业跨区域转移，促进区域间分工合作，有利于地区经济发展。但是过大的区域差异会为区域分工合作设置门槛，同时随着经济差距的不断发展，经济差异也会扩展到诸如法制、教育、医疗等方面的差距，会给社会带来一些不稳定因素。

区域差异历来是备受关注的话题之一，缩小区域差异、推动区域经济空间格局优化是推进区域协调发展的关键。1990年以来，区域经济发展差异引起国内众多学者的关注，从早期对全国尺度上的区域差异研究，诸多学者尝试采用实证研究与理论分析相结合的方法对不同区域经济差异进行研究。同时也有对差异测度具体方法的研究，如Henri Theil在1967年提出的Theil系数、意大利经济学家基尼（Corrado Gini）从洛伦兹曲线衍生出来的基尼系数等，之后，Lerman等（1984）、Shalit（1985）等简化了基尼系数的计算，使之能够真正运用到实证研究中。从20世纪80年代开始，学术界开始运用一些新的研究方法对地区差异的构成与来源进行分解，以揭示引起地区差异变动的主要因素。这些研究大体可分为对差异的群组分解和地区分解。群组分解常用的方法是基尼系数分解和加权变异系数分解，地区分解常采用Theil系数和广义熵系数。随着研究的深入，分解的层次逐渐深入，分解的算法日趋复杂，分解的方法也越加成熟，将这些方法运用到实证领域的研究也越趋广泛。然而，不同的分解方法对同一差异现象得出的结果也存在"差异"，哪种方法更能提供正确的信息也引起学者们的关注。

刘金涛运用传统测度方法，分析了21世纪以来山东省区域经济发展差异的时间特征和空间特征，并运用锡尔系数分解法对其进行分解分析，认为21世纪以来山东省区域经济发展差异总体处于缩小趋势，经济增长模式也正由"哑铃形"向"纺锤形"迈进。赵明华、郑元文以山东省17地市为研究对象，构建经济发展水平评价指标体系，运用熵权TOPSIS信息熵法确定指标权重，通过计算山东省17地市当年的经济发展水平，测算了17地市的经济差异。肖燕和孙壮利用SuperMap的GIS空间分析功能分析山东省区域经济发展状况。研究表明：山东省近7年间县域人均收入分布明显不均匀，呈现不利于经济长期持续发展的单峰分布状态；区域间的人均生产总值差距逐渐增加；人均生产总值与地理区位、资源分布和交通线路的分布有较大相关性。于汉征和徐成龙从区域经济差异内涵出发，根据基尼系数和R／S分析法对山东省17地市的经济差异进行了定量评价和趋势预测，提出了区域经济协调对策。张瑞璇和王富喜基于《山东统计年鉴2007》和《山东农村统计年鉴2007》的相关数据，通过构建区域经济发展评价指标体系，运用均方差权值法，分析山东省17地市的区域经济发展差异情况及其原因，最终结合山东省情况提出了协调区域经济发展的对策。杨冬梅通过标准差、区位熵等指标分析了山东区域经济发展的差异特征。进而对区域差异进行制度因素分解，度量了各制度因素对山东省各地区经济发展差异的影响力及影响弹性，研究结果表明，产业结构调整优化、市场化程度及产权制度改革影响力显著。孙希华和张淑敏分析了20世纪90年代以来山东省区域经济差异的动态变化特征，探讨了区域经济差异与区域整体经济增长的关系及省域经济差异警戒水平，认为山东省发展经济应坚持效率优先，同时要正视地域差异，跟踪省域经济差异警戒水平，采取适度的倾斜与均衡发展政策，实施点轴系统空间开发模式，在发展中逐渐缩小差异，促进省域经济可持续发展。山东省是中国东部沿海的重要省份，改革开放以来，全省经济持续快速发展，但由于多方面的原因，省内区域经济发展差异显著。

本书将分别基于山东县级区域测算人均GDP与农民收入的总体差异，并据人均GDP与农民收入水平划分区域类型，测算不同水平区域的人均GDP与农民收入的总体差异，同时根据17地市城乡人均收入，测算其空间对应类型及空间格局。

4.1 基于县级区域的总体差异

这里采用基尼系数来测算山东区域经济发展的差异。首先计算各县级区域GDP占全省GDP的比例（Y_i），各县级区域人口占全省人口的比例

（W_i）。按Y_i由低到高进行排序，然后计算各县级区域GDP占全省GDP的累积比例（V_i），计算相关年份的基尼系数。

基尼系数G的实用计算公式如式（4-1）。

$$G_i = 1 + \sum W_i Y_i - 2\sum W_i V_i \qquad (4-1)$$

基尼系数常被用来表现一个地区的财富分配状况。这个指数在0和1之间，数值越小，表明财富在社会成员之间的分配越均匀；反之亦然。通常把0.4作为收入分配差距的"警戒线"。按照联合国有关组织规定，基尼系数低于0.2表示收入绝对平均；0.2~0.3表示比较平均；0.3~0.4表示相对合理；0.4~0.5表示收入差距较大；0.6以上表示收入差距悬殊。山东省区域经济的基尼系数见表4-1。

表4-1　山东省区域经济基尼系数及其变化

年份	基尼系数	绝对变化	相对变化（%）
1995	0.326		
2002	0.333	0.007	2.10
2005	0.353	0.02	5.67
2011	0.349	−0.004	−1.15
2016	0.338	−0.011	−3.25

资料来源：相关年份的《山东统计年鉴》。

总体上看，山东省区域经济基尼系数均在0.33左右。根据基尼系数判断，1995年以来，基于县级区域的山东省经济总体差异较小，而且持续保持在稳定状态，这是山东省区域经济差异总体向好态势的反映。

4.2　人均GDP的水平分类

这里考察1995年、2005年、2011年、2016年4个年份山东省人均GDP的变化。山东省名义上的人均GDP由1995年的5 701元迅速增长到2016年的67 706元，1995—2005年的平均增长率为13.33%，2005—2011年的平均增长率为15.44%，增速飞快；2011—2016年增速明显下降，为7.49%，但也在较高水平。县级区域人均GDP极差变化与人均GDP增速类似，由1995年的25 707元迅速扩大为2005年的120 235元，进而扩大为2011年的202 779元。

尽管2016年的极差相比2011年仍在扩大，但增速明显放缓；人均GDP极差的相对差距在1995年、2005年、2011年保持在高位，2016年则有较为明显的下降。

以各年份山东省人均GDP的1/4为参考标准，把各年份、县级区域划分为高水平、中高水平、中等水平、较低水平、低水平5类区域。划分标准为：低水平<0.625均值，0.625均值≤较低水平<0.875均值，0.875均值≤中等水平≤1.125均值，1.125均值<中高水平≤1.375均值，中高水平>1.375均值。4个时期各级别县级区域人均GDP的平均水平状况如表4-2所示。

表4-2 山东省县级区域人均GDP类型

年份	均值（元）	增长率（%）	最高（元）	最低（元）	极差（元）	相对差（%）	高水平（元）	中高（元）	中等（元）	较低（元）	低水平（元）
1995	5 701		26 818	1 111	25 707	95.86	9 646	6 067	4 950	3 462	2 248
2005	19 934	13.33	124 090	3 855	120 235	96.89	40 195	22 814	19 886	13 941	8 259
2011	47 190	15.44	212 963	10 184	202 779	95.22	89 720	53 551	43 526	31 875	18 094
2016	67 706	7.49	264 268	20 983	243 285	92.06	146 753	83 437	67 462	51 925	31 615

资料来源：相关年份的《山东统计年鉴》。

以各年份高水平类型为1，对比其他类型的相对水平如表4-3所示。

表4-3 各级别类型人均GDP相对水平（%）

年份	高水平	中高水平	中等水平	较低水平	低水平
1995	100.00	62.90	51.32	35.89	23.30
2005	100.00	56.76	49.47	34.68	20.55
2011	100.00	59.69	48.51	35.53	20.17
2016	100.00	56.86	45.97	35.38	21.54

资料来源：相关年份的《山东统计年鉴》。

可以看出，1995—2016年，相对于高水平类型级别，中高水平级别类型、中等水平级别类型、低水平级别类型的发展都有较为明显的走弱，较低水平级别类型则比较稳定。低水平级别类型的发展水平相当于高水平级别类型的1/5，较低水平级别类型的发展水平略高于高水平级别类型的1/3，中等水平级别类型的发展水平不及高水平级别类型的1/2，中高水平级别类型的发展水平不及高水平级别类型的60%。总体而言,高水平级别类型与其他水平类型的相对差距明显,绝对差距更是十分明显。

从各级别类型县级区域的数目来看,分布呈现不均衡状态。低水平区域比例最高,高水平区域次之,较低水平区域排名第三,中等水平区域比例排名第四,中高水平区域比例最低。总体上,低水平区域与较低水平区域比例偏高,中等水平区域与中高水平区域比例偏低。

相关年份人均GDP类型划分见表4-4。

表4-4　山东省县级区域人均GDP类型划分

年份	数目(个)					占比(%)				
	高水平	中高	中等	较低	低水平	高水平	中高	中等	较低	低水平
1995	34	11	22	33	40	24.29	7.86	15.71	23.57	28.57
2005	34	11	24	32	40	24.11	7.80	17.02	22.70	28.37
2011	36	12	27	26	39	25.71	8.57	19.29	18.57	27.86
2016	33	16	22	24	42	24.09	11.68	16.06	17.52	30.66

资料来源:相关年份的《山东统计年鉴》。

从各时期不同水平级别类型县级区域人均GDP的增速来看(表4-5),也能看出上述特征。

表4-5　相关年份各发展水平人均GDP的增速(%)

时期	高水平	中高水平	中等水平	中低水平	低水平
1995—2005	15.34	14.16	14.92	14.95	13.90
2005—2011	14.32	15.28	13.95	14.78	13.96
2011—2016	10.34	9.27	9.16	10.25	11.81

资料来源:相关年份的《山东统计年鉴》。

4.3　人均GDP的绝对差异与相对差异

以1995年、2005年、2016年17地市人均GDP与对应的全省人均GDP的绝对差距对比,可以看出各地市人均GDP的相对优势及其在不同时期的变化,见表4-6。

表4-6 山东省17地市人均GDP与省人均GDP的差距（元）

地区	1995年		地区	2005年		地区	2016年	
	人均值	绝对差		人均值	绝对差		人均GDP	绝对差
东营市	13 976	8 275	东营市	64 606	44 672	东营市	164 024	96 318
威海市	13 861	8 160	威海市	46 941	27 007	威海市	114 220	46 514
淄博市	10 269	4 568	青岛市	36 450	16 516	青岛市	109 407	41 701
青岛市	9 377	3 676	淄博市	34 348	14 414	烟台市	98 388	30 682
烟台市	9 121	3 420	济南市	31 726	11 792	淄博市	94 587	26 881
济南市	8 884	3 183	烟台市	31 076	11 142	济南市	90 999	23 293
潍坊市	6 453	752	莱芜市	21 724	1 790	滨州市	63 745	-3 961
莱芜市	5 791	90	滨州市	17 976	-1 958	日照市	62 357	-5 349
枣庄市	4 932	-769	潍坊市	17 621	-2 313	潍坊市	59 275	-8 431
济宁市	4 833	-868	枣庄市	17 243	-2 691	泰安市	59 027	-8 679
日照市	4 524	-1 177	济宁市	15 755	-4 179	枣庄市	54 984	-12 722
滨州市	4 309	-1 392	日照市	15 715	-4 219	济宁市	51 662	-16 044
泰安市	3 896	-1 805	泰安市	15 538	-4 396	莱芜市	51 533	-16 173
德州市	3 547	-2 154	德州市	15 053	-4 881	德州市	50 856	-16 850
临沂市	3 226	-2 475	聊城市	12 171	-7 763	聊城市	47 624	-20 082
聊城市	3 003	-2 698	临沂市	11 898	-8 036	临沂市	38 803	-28 903
菏泽市	2 068	-3 633	菏泽市	5 090	-14 844	菏泽市	29 904	-37 802

资料来源：相关年份的《山东统计年鉴》。

1995年，人均GDP高于全省平均水平的地市依次有东营市、威海市、淄博市、青岛市、烟台市、济南市、潍坊市、莱芜市8个，其他9个地市的人均GDP低于全省平均水平。2005年，人均GDP高于全省平均水平的地市依次有东营市、威海市、青岛市、淄博市、济南市、烟台市、莱芜市7个，潍坊市由高于全省平均水平的地市下降为低于全省水平的地市。2016年，人均GDP高于全省平均水平的依次有东营市、威海市、青岛市、烟台市、淄博市、济南市6个，其余10个地市人均GDP低于全省平均水平。

从区域结构而言，1995年东营市、威海市、淄博市、青岛市、烟台市、济南市、潍坊市、莱芜市8地市是核心地区，枣庄市、济宁市、日照市、滨州市4地市为过渡地区，泰安市、德州市、临沂市、聊城市、菏泽市

5地市为边缘地区。2005年，东营市、威海市、青岛市、淄博市、济南市、烟台市、莱芜市7地市是核心地区，滨州、潍坊、枣庄、济宁、日照、泰安、德州7地市为过渡地区，临沂市、聊城市、菏泽市3地市为边缘地区。2016年东营市、威海市、青岛市、烟台市、淄博市、济南市6地市是核心地区，滨州市、日照市、潍坊市、泰安市、枣庄市、济宁市、莱芜市、德州市8地市为过渡地区，临沂市、聊城市、菏泽市3地市为边缘地区。从地市级别的山东省人均GDP的结构演变看，显现出沿海、内地与核心—边缘嵌套的格局。

这里以人口加权的绝对差距与相对差距衡量1995年、2005年、2016年基于地市区域的山东省人均GDP差距的演变。人口加权的差距计算公式如式（4-2）。

$$C_{ij} = \frac{P_i \left| X_i - X_s \right|}{\sum\limits_{i=1}^{n} P_i} \tag{4-2}$$

式中，C_{ij}为i和当年全省人均GDP相比的差距；P_i为i地市人口占山东人口的比重；X_i，X_s分别为i地市和山东省的人均GDP。各地市的相对差是绝对差与省均值的比，绝对差份额为各地市绝对差与其占全省人口比例的乘积，相对差份额为各地市相对差与其占全省人口比例的乘积。表4-7是1995年山东省17地市人均GDP与省人均GDP的绝对差距与相对差距。

表4-7　1995年山东省17地市人均GDP的绝对差与相对差

地区	人口（万人）	GDP（亿元）	人均值（元）	绝对差（元）	相对差（%）	人口比例（%）	总绝对差（元）	总相对差（%）	贡献率（%）
济南市	542	482	8 884	3 183	55.83	6.24	199	3.48	7.57
青岛市	685	642	9 377	3 676	64.48	7.88	290	5.08	11.05
淄博市	394	405	10 269	4 568	80.13	4.54	207	3.63	7.90
枣庄市	344	170	4 932	769	13.49	3.96	30	0.53	1.16
东营市	164	229	13 976	8 275	145.15	1.89	156	2.74	5.96
烟台市	631	576	9 121	3 420	59.98	7.27	249	4.36	9.47
潍坊市	821	530	6 453	752	13.20	9.46	71	1.25	2.71
济宁市	762	368	4 833	868	15.22	8.77	76	1.33	2.90

（续表）

地区	人口（万人）	GDP（亿元）	人均值（元）	绝对差（元）	相对差（%）	人口比例（%）	总绝对差（元）	总相对差（%）	贡献率（%）
泰安市	527	205	3 896	1 805	31.67	6.06	109	1.92	4.17
威海市	243	337	13 861	8 160	143.13	2.80	228	4.00	8.70
日照市	253	114	4 524	1 177	20.65	2.91	34	0.60	1.31
莱芜市	119	69	5 791	90	1.59	1.37%	1	0.02	0.05
临沂市	967	312	3 226	2 475	43.42	11.13	275	4.83	10.50
德州市	520	184	3 547	2 154	37.79	5.99	129	2.26	4.92
聊城市	548	164	3 003	2 698	47.32	6.30	170	2.98	6.48
滨州市	352	152	4 309	1 392	24.42	4.06	56	0.99	2.15
菏泽市	815	169	2 068	3 633	63.73	9.38	341	5.98	13.00
							2 623	46.01	100.00

资料来源：相关年份的《山东统计年鉴》。

由表4-7而知，从17地市人均GDP与全省人均值的对比看，最大的差距在人均GDP最高的地市与全省人均值之间；明显的差距存在于人均GDP较高的地市与省均值之间，也存在于水平最低地市与省均值之间。从差距份额看，差距最大地市并非是差距份额最大的地市。差距份额由大到小依次是菏泽市、青岛市、临沂市、烟台市、威海市、淄博市、济南市、聊城市、东营市、德州市、泰安市、济宁市、潍坊市、滨州市、日照市、枣庄市、莱芜市。从差距份额看，差距大（人均GDP高与人均GDP低的地市）、人口比例高的地市对全省人均GDP差距的贡献大。1995年山东省17地市与全省人均GDP的总绝对差距为2 623元，总相对差距为46.01%。

由表4-8可知，2005年差距份额由大到小依次是菏泽市、青岛市、临沂市、东营市、烟台市、济南市、威海市、淄博市、聊城市、济宁市、德州市、泰安市、潍坊市、日照市、枣庄市、滨州市、莱芜市。相比于1995年，菏泽市、青岛市、东营市、济南市、济宁市的份额提升；临沂市、威海市、淄博市、聊城市、德州市、泰安市、滨州市是差距份额下降明显的地市。2005年山东省17地市与全省人均GDP的总绝对差距扩大为9 427元，总相对差距微微上升为47.29%。

表4-8   2005年山东省17地市人均GDP的结对差与相对差

地区	人口(万人)	GDP(亿元)	人均GDP(元)	绝对差(元)	相对差(%)	人口比例(%)	总绝对差(元)	总相对差(%)	贡献率(%)
济南市	592	1 877	31 726	11 792	59.16	6.45	761	3.82	8.07
青岛市	740	2 696	36 450	16 516	82.85	8.07	1 332	6.68	14.13
淄博市	417	1 431	34 348	14 414	72.31	4.54	655	3.29	6.95
枣庄市	367	633	17 243	2 691	13.50	4.01	108	0.54	1.14
东营市	181	1 166	64 606	44 672	224.10	1.97	879	4.41	9.33
烟台市	648	2 012	31 076	11 142	55.89	7.06	787	3.95	8.35
潍坊市	835	1 471	17 621	2 313	11.60	9.11	211	1.06	2.23
济宁市	804	1 266	15 755	4 179	20.96	8.77	366	1.84	3.89
泰安市	551	856	15 538	4 396	22.05	6.01	264	1.32	2.80
威海市	249	1 170	46 941	27 007	135.48	2.72	734	3.68	7.79
日照市	271	427	15 715	4 219	21.17	2.96	125	0.63	1.32
莱芜市	118	256	21 724	1 790	8.98	1.29	23	0.12	0.24
临沂市	1 019	1 212	11 898	8 036	40.31	11.11	893	4.48	9.47
德州市	553	832	15 053	4 881	24.49	6.03	294	1.48	3.12
聊城市	570	693	12 171	7 763	38.94	6.21	482	2.42	5.11
滨州市	371	667	17 976	1 958	9.82	4.05	79	0.40	0.84
菏泽市	886	451	5 090	14 844	74.47	9.66	1 434	7.19	15.21
	9 169						9 427	47.29	100.00

资料来源:相关年份的《山东统计年鉴》。

由表4-9可知,2016年差距份额由大到小依次是青岛市、菏泽市、临沂市、烟台市、东营市、济南市、济宁市、威海市、淄博市、聊城市、德州市、潍坊市、枣庄市、泰安市、莱芜市、日照市、滨州市。相比于2005年,总绝对差距进一步扩大为24 560元,总相对差距大幅下降为36.27%。

表4-9   2016年山东省17地市人均GDP的绝对差与相对差

地区	人口(万人)	GDP(亿元)	人均GDP(元)	绝对差(元)	相对差(%)	人口比例(%)	总绝对差(元)	总相对差(%)	贡献率(%)
济南市	723	6 536	90 999	23 293	34.40	7.27	1 694	2.50	6.90

（续表）

地区	人口 （万人）	GDP （亿元）	人均GDP （元）	绝对差 （元）	相对差 （%）	人口比 例(%)	总绝对 差(元)	总相对 差(%)	贡献率 （%）
青岛市	920	10 011	109 407	41 701	61.59	9.25	3 859	5.70	15.71
淄博市	469	4 412	94 587	26 881	39.70	4.71	1 267	1.87	5.16
枣庄市	392	2 143	54 984	12 722	18.79	3.94	501	0.74	2.04
东营市	213	3 480	164 024	96 318	142.26	2.14	2 065	3.05	8.41
烟台市	706	6 926	98 388	30 682	45.32	7.10	2 179	3.22	8.87
潍坊市	936	5 523	59 275	8 431	12.45	9.41	793	1.17	3.23
济宁市	835	4 302	51 662	16 044	23.70	8.40	1 348	1.99%	5.49
泰安市	564	3 317	59 027	8 679	12.82	5.67	492	0.73	2.00
威海市	282	3 212	114 220	46 514	68.70	2.83	1 318	1.95	5.37
日照市	290	1 802	62 357	5 349	7.90	2.92	156	0.23	0.64
莱芜市	138	703	51 533	16 173	23.89	1.38	224	0.33	0.91
临沂市	1 044	4 027	38 803	28 903	42.69	10.50	3 034	4.48	12.36
德州市	579	2 933	50 856	16 850	24.89	5.82	981	1.45	4.00
聊城市	604	2 859	47 624	20 082	29.66	6.07	1 219	1.80	4.96
滨州市	389	2 470	63 745	3 961	5.85	3.91	155	0.23	0.63
菏泽市	862	2 560	29 904	37 802	55.83	8.67	3 277	4.84	13.34
							24 560	36.27	100.01

资料来源：相关年份的《山东统计年鉴》。

由表4-10可知，以县级区域计算，县级区域人均GDP的绝对差异与相对差异的总体特征与地市差异特征类似。1995年全省县级区域人均GDP的总绝对差为2 595元，总相对差53.87%。2005年全省县级区域人均GDP的总绝对差距扩大为9 876元，总相对差距微微下降为52.9%。2016年全省县级区域人均GDP的总绝对差距扩大为33 382元，总相对差距为48.67%。总体上，以县级区域统计的区域差异要大于以地级区域统计的差异。

表4-10　3个年份山东省17地市人均GDP与省人均GDP的差距

地区	1995年		地区	2005年		地区	2016年	
	绝对差（元）	贡献率（%）		绝对差（元）	贡献率（%）		绝对差（元）	贡献率（%）
东营市	8 275	5.96	东营市	44 672	9.33	东营市	96 318	8.41
威海市	8 160	8.70	威海市	27 007	7.79	威海市	46 514	5.37
淄博市	4 568	7.90	青岛市	16 516	14.13	青岛市	41 701	15.71
青岛市	3 676	11.05	淄博市	14 414	6.95	烟台市	30 682	8.87
烟台市	3 420	9.47	济南市	11 792	8.07	淄博市	26 881	5.16
济南市	3 183	7.57	烟台市	11 142	8.35	济南市	23 293	6.90
潍坊市	752	2.71	莱芜市	1 790	0.24	滨州市	-3 961	0.63
莱芜市	90	0.05	滨州市	-1 958	0.84	日照市	-5 349	0.64
枣庄市	-769	1.16	潍坊市	-2 313	2.23	潍坊市	-8 431	3.23
济宁市	-868	2.90	枣庄市	-2 691	1.14	泰安市	-8 679	2.00
日照市	-1 177	1.31	济宁市	-4 179	3.89	枣庄市	-12 722	2.04
滨州市	-1 392	2.15	日照市	-4 219	1.32	济宁市	-16 044	5.49
泰安市	-1 805	4.17	泰安市	-4 396	2.80	莱芜市	-16 173	0.91
德州市	-2 154	4.92	德州市	-4 881	3.12	德州市	-16 850	4.00
临沂市	-2 475	10.50	聊城市	-7 763	5.11	聊城市	-20 082	4.96
聊城市	-2 698	6.48	临沂市	-8 036	9.47	临沂市	-28 903	12.36
菏泽市	-3 633	13.00	菏泽市	-14 844	15.21	菏泽市	-37 802	13.34

资料来源：相关年份的《山东统计年鉴》。

4.4　山东省各县、市经济发展水平空间相关与变异分析

以县域经济区域为主体进行时空结合的动态定量分析，能够更好地从历史纵向考察与区域间横向对比之中更全面了解县级区域经济格局特点。经济发展水平的空间分布是指一定时间内各区域单元的经济发展水平在一定地区范围的空间分布状况，它是经济发展过程在空间上的表现形式。对山东经济

发展水平进行空间相关与变异分析，有助于探索其经济发展的内在规律，甚至可以预测未来经济发展走势。笔者以山东省各县级行政区为样本，选择点状行政区几何中心、人均GDP指标，借助ArcGIS软件提供的强大的地统计分析功能，分析经济发展水平的空间相关性与变异。

4.4.1 地统计分析基本理论

地统计分析以区域化变量为基础，借助变异函数，研究具有空间相关性和依赖性的地理现象，对样本数据进行最优无偏内插估计，模拟地理现象空间分布的相关性和变异性。地统计分析与经典统计学不同，地统计分析既考虑样本数据的大小，又重视样本数据空间位置及样本间的距离因素。

人均地区产值与研究区的位置相关，属于空间数据，人均地区产值的空间分布是人均产值的区域化，以空间坐标为自变量，属于区域化变量，符合地统计分析所要求的变量要求，可以借助地统计分析方法研究其空间分布。地统计分析理论包括前提假设、区域化变量、变异分析和空间估值。

4.4.1.1 前提假设

（1）随机过程。研究区中的样本数据都是随机过程的结果，不是相互独立的，是遵循一定的内在规律的。地统计分析就是在大量样本数据的基础上，通过分析样本间的规律，探索分布规律，并进行预测。

（2）正态分布。假设样本服从正态分布，在获取样本数据后首先对数据进行分析，若不符合正态分布假设，则对其进行变换，使其符合正态分布的形式。

（3）平稳性。对空间数据作平稳性假设。平稳性包括两类，一类是均值平稳，假设均值是不变的并与位置无关；另一类是二阶平稳和内蕴平稳，二阶平稳假设具有相同的距离和方向的任意两点的协方差相同，内蕴平稳假设具有相同距离和方向的任意两点的方差（变异函数）相同。

（4）区域化变量。区域化变量是呈一定空间分布的变量，根据区域内位置的不同而取不同的值，而当在区域内确定位置时，区域化变量又表现为一般的随机变量，与位置有关。因此区域化变量具有随机性和结构性两个显著的特征。

4.4.1.2 变异分析

一般采用半变异函数进行空间相关与变异分析。半变异函数是地统计分析的特有函数，区域化变量$z(x)$在点x和$z+h$处的值$z(x)$与$z(x+h)$差的方差的一半为区域化变量$z(x)$的半变异函数。区域化变量$z(x)$满足二阶平稳假设，则其计算公式如式（4-3）。

$$r(h) = \frac{1}{2N(h)} \sum_{i=1}^{N(h)} \left[Z(x_i) - Z(x_i + h) \right]^2 \qquad (4-3)$$

在半变异曲线图中有4个重要的参数：块金值（Nugget）、变程（Range）、基台值（Sill）和偏基台值（Partial Sill）。Partial Sill（偏基台值）/Sill（基台值）反映了空间相关性的强弱，该值越大，空间相关性越强；基底效应Nugget（块金值）/Sill则表示了变异特征，该值越大，说明样本数据间的变异更多的是由随机因素引起的。

4.4.1.3 空间估值

地统计分析过程即空间估值过程，其流程有5步（图4-1）。

图4-1 空间估值流程

4.4.2 技术方法

4.4.2.1 数据分析

在获取样本点数据后，对样本点数据进行分析，了解数据的分布状况，当数据近似正态分布时，利用Kriging插值法生成的表面效果最佳。文章采用直方图与Normal QQPlot图法检查数据的分布，判断是否符合正态分布，否则需进行数据变换。

4.4.2.2 数据趋势分析

空间趋势反映了空间现象在空间区域上变化的主题特征，利用趋势分析工具可以将样本点数据转换为以某一属性值为高度的三维视图，将样本点数据按两个方向投影到与地图平面正交的平面上，每个方向通过投影点作出最佳拟合线来模拟特定方向上存在的趋势。如果最佳拟合线并非一条直线，表明样本点数据在特定方向上存在一定的空间趋势。

4.4.2.3 数据空间相关与变异分析

采用半变异函数进行空间相关与变异分析。通过Partial Sill（偏基台值）/Sill（基台值）测度各个县级行政单元人均产值空间分布相关性的强弱，通过基底效应测度各个县级行政单元人均产值的变异特征。这里通过计算2005年、2016年人均国内生产总值来研究山东省经济的空间趋势。

4.4.3 2005年山东省各县、市经济发展水平空间相关与变异分析

4.4.3.1 数据分析

以山东省人均GDP的倍数为统计数据，分析各县（市）经济水平的空间相关性与趋势。从直方图与统计信息可以得出，山东省2005年人均GDP的空间分布极度不均衡，其频率分布是偏态的。均值（1.197 5）大于中值median（1.03），偏度系数（Skewness）为2.013 6，远大于对称值0（正态分布的偏态等于0），直方图向右延伸，大部分数据集中于左边，偏态系数大于0，因此为正偏分布；峰值系数（Kurtosis）为9.039 3，大于正态分布值4.7，为高狭峰分布，比正态分布集中于平均数附近。这是因为人均GDP的极差值较大造成（图4-2和图4-3）。

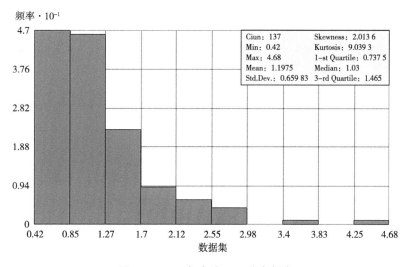

图4-2 2005年人均GDP分布频率

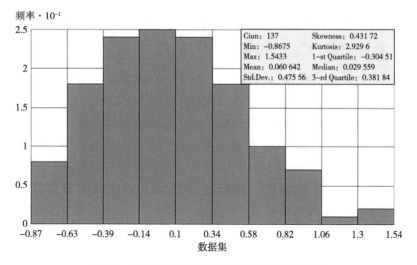

图4-3 2005年对数变换后人均GDP分布频率

如果对人均GDP进行对数变换，均值为0.060 6，大于中值0.029 6，偏度系数（Skewness）为0.431 72，略大于对称值0，峰值系数为（Kurtosis）2.929 6，略大于正态分布值2.5，可以看作服从正态分布。经过对数变换后的新变量Normal QQPlot图，数据接近一条直线，离群点少，新变量符合正态分布（图4-4）。

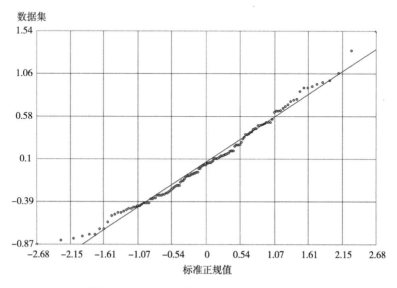

图4-4 2005年人均GDP的Normal QQPlot

4.4.3.2 趋势分析

以各县、市（X，Y，GDP）为空间坐标，将所有县、市的（X，Y，GDP）所确定的点投影到一个东西（箭头Y指向西）向的和一个南北（箭头X指向南）向的正交平面上，通过投影点作出最佳拟合线，得到三维透视图（图4-5）。短线高度代表该县的人均GDP数值，短线坐标为该县县城驻地。可以看出，南北方向上点的投影大多在拟合曲线附近，最佳拟合线是一条北高南低的曲线，并非直线，表明山东2005年县级区域的人均GDP在南北方向上有明显的空间趋势。在东西方向上，中西段的点比较密集的分布在拟合线附近，东段的点比较分散，最佳拟合线近似是一条直线，表明山东县级区域人均GDP在东西方向上不具有明显的空间趋势。

各县级区域的人均GDP比较均匀地分布在底面上，这是山东人口区域分布比较均匀的真实反映。短线清楚地显示人均GDP高低起伏变化的形态。很明显有两个高值区域，一个是济南—淄博高值区，另一个是青岛—烟台—威海高值区。有两个明显的低水平地区，一个是在济南—淄博高水平区西部自北而南的鲁西北—鲁西南区域；一个是在济南—淄博高值区与青岛—烟台—威海高值区中间的环临沂低水平区域（图4-5）。

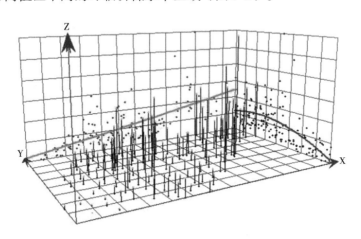

图4-5　2005年人均GDP的三维透视

4.4.3.3 空间相关与变异分析

半方差云图（图4-6）的横坐标为两个行政单元几何中心之间的空间距离，纵坐标反映了对数人均GNP的变异函数值，它反映了对数人均GNP的空间关系。一般空间上越接近的点具有更相似的值；距离越远的点具

有更多的不相似性。分别采用圆形模型、球状模型、指数模型、高斯模型
和K-Bessel模型进行比较，Spherical模型最优，得到半变异函数曲线图。
由图4-6可知，由于样本点之间存在空间变异，存在块金值（Nugget），
Nugget=0.055 3；当样本点之间的距离h增大时，半变异函数从初始的块金
值达到一个相对稳定的常数0.145 2，即基台值（Sill）；偏基台值（Partial
Sill）为0.089 9。经计算，Partial Sill/Sill的值为0.619 1，更接近于1，说明
山东县级区域人均GDP的空间相关性较强，基底效应值为0.380 85，更接近
于0，说明山东省县级区域人均GDP的空间变异更多的不是由随机因素引起
的，而是由其自身的内在机制作用的，探讨导致山东省县级区域人均GDP的
空间变异的原因是有意义的。

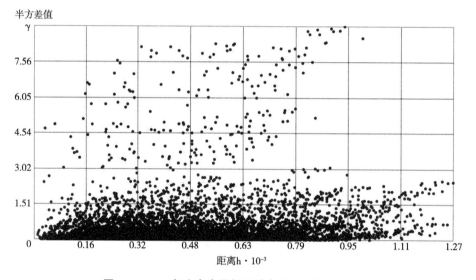

图4-6 2005年山东省县级区域人均GDP半方差云图

4.4.3.4 表面趋势分析

根据Spherical模型，采用对数Kriging法对山东省县级区域人均GDP做
内插处理，得到表面图（彩图4-1）。把人均GDP由低到高划分为10个层
次，用深蓝色到大红色渐变的颜色表示。由彩图4-1可知，人均GDP最高值
集中分布在颜色最深的胶州湾南北两侧的小部分区域，人均GDP第二高的仅
分布在威海荣成的一部分极小区域。

2005年人均GDP第三高的区域范围明显变大，分为3部分，由青岛较高
水平区、威海较高水平区、烟台较高水平区组成。人均GDP第四高的区域也

有3部分，分别是半岛人均GDP第三高的3个区域以内的区域、济南—淄博区域、河口小部分区域。

人均GDP第五高的区域也有3部分，分别是处在半岛地区地理位置中心的栖霞、莱阳、莱西形成的区域；人均GDP第五高的区域的另一部分涉及范围较广，从北部河口向南延伸至济南—淄博第四高水平区西围至南缘，并向东北方向延伸至胶州湾，进而从胶州湾自北向南延伸至胶州湾边缘的黄海的"S"形地区；这一地区以半岛—济南—淄博至河口以东的区域是山东省经济的核心区域，山东区域经济要有重大发展，就是要进一步提高核心区域的实力，扩大其边缘"S"形区域的范围，进而带动内陆地区的发展。人均GDP第五高的另一个区域是曲阜市形成的济宁核心区，在鲁中南地区形成一个范围很小的高地。

人均GDP第六高的区域有两部分，一部分是围绕在人均GDP第五高"S"形区域西缘的区域，另一部分是围绕在济宁高地周围的地区。

人均GDP第七高的区域贯穿鲁西北至鲁中南围绕在人均GDP第六高区域的外围。

人均GDP最低的区域是鲁西南最低水平区；人均GDP排位第九高的是邻近鲁西南最低水平区的小部分区域和临沂低水平区；人均GDP第八高的区域有两部分，一个分布在鲁西南第九高的区域东缘，另一个围绕在临沂第九层次水平区的外围。

4.4.4 2016年山东各县（市）经济发展水平空间相关与变异分析

4.4.4.1 数据分析

从直方图与统计信息可以得出，山东2016年人均GDP的空间分布极度不均衡，其频率分布是偏态的。均值（1.211 8）大于中值median（1.01），偏度系数（Skewness）为1.783，远大于对称值0（正态分布的偏态等于0），直方图向右延伸，大部分数据集中于左边，偏态系数大于0，因此为正偏分布；峰值系数（Kurtosis）为7.249 8，大于正态分布值5.3，为高狭峰分布，比正态分布集中于平均数附近。这是由人均GDP的极差值较大造成的（图4-7和图4-8）。

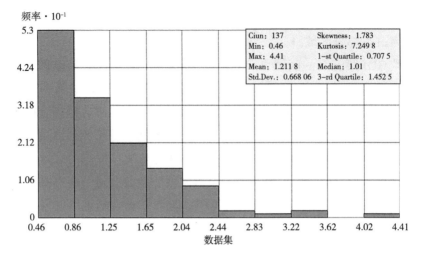

图4-7　2016年人均GDP分布频率

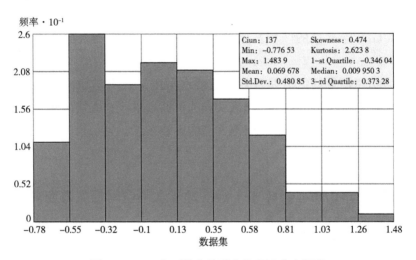

图4-8　2016年对数变换后人均GDP分布频率

如果对人均GDP进行对数变换，均值为0.069 7，大于中值0.001 0，偏度系数（Skewness）为0.474，略大于对称值0，峰值系数为（Kurtosis）2.623 8，略大于正态分布值2.6，可以看作服从正态分布。经过对数变换后的新变量Normal QQPlot图，数据接近一条直线，离群点少，新变量符合正态分布（图4-9）。

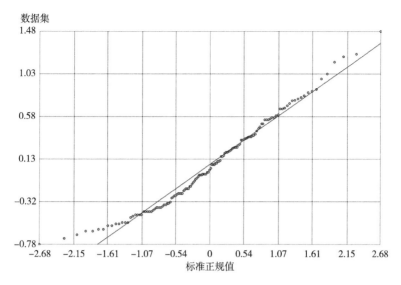

图4-9　2016年人均GDP的Normal QQlot

4.4.4.2　趋势分析

2016年的三维透视图如图4-10所示。可以看出，2016年三维透视图反映的情况与2005年基本相同，仍然是县级区域的人均GDP在南北方向上有明显的空间趋势，在东西方向上不具有明显的空间趋势。代表人均GDP的短线仍然是济南—淄博高值区和青岛—烟台—威海两个高值区。有两个明显的低水平地区仍然是鲁西北—鲁西南低水平区域和环临沂低水平区域（图4-10）。

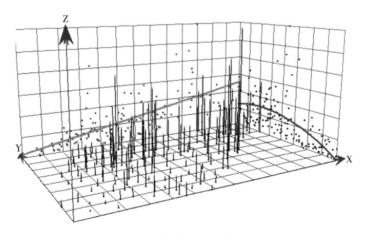

图4-10　2016年人均GDP的三维透视

4.4.4.3 空间相关与变异分析

由图4-11可知，存在块金值Nugget=0.066 1；当样本点之间的距离h增大时，半变异函数从初始的块金值达到一个相对稳定的常数0.151，即基台值（Sill）；偏基台值（Partial Sill）为0.085 0。经计算Partial Sill/Sill的值为0.562 9，比较接近于1，说明山东县级区域人均GDP的空间相关性较强，基底效应值为0.437 75，比较接近于0，说明2016年山东省县级区域人均GDP的空间变异更多的不是由于随机因素引起的，而是由其自身的内在机制作用的，探讨导致山东县级区域人均GDP的空间变异的原因是有意义的。

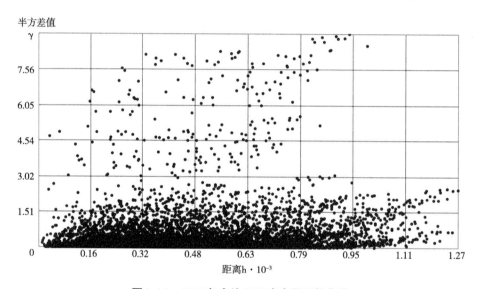

图4-11 2016年人均GDP半变异函数曲线

4.4.4.4 表面分析

2016年的县级区域人均GDP对数Kriging内插表面图如彩图4-2所示。2016年人均GDP水平分为9个层次，2016年的空间趋势图与2005年的趋势基本相同。2016年人均GDP最高值仍然集中分布在颜色最深的胶州湾南北两侧的小部分区域，分布区域从胶州湾两对岸扩展到湾区。人均GDP第二高的区域分为5部分，由青岛较高水平区、威海较高水平区、烟台较高水平区、河口—淄博高水平区、济南高水平区组成。

人均GDP第三高的区域从北部河口向南延伸至济南，再向东北方向经莱州湾延伸至胶州湾以北的黄海地区，同时从莱州湾自北向南延伸至胶州湾边缘的黄海，形成一个"H"形地区；"H"形以东的区域是山东省经济的核心区域。

人均GDP最低的区域是第九高的鲁西南最低水平区;人均GDP排位第八高的是邻近鲁西南最低水平区的狭长区域和临沂低水平区。围绕在第八高的区域依次是第七、第六、第五、第四高的区域。

从两幅图的对比可以清楚看到好的变化有4个方面:从河口到淄博的较高水平区连成了一片;胶州湾两侧的最高水平区扩展到了整个湾区;2005年的"S"形地区从莱州湾自北向南延伸至胶州湾边缘的黄海,形成一个"H"形地区;从河口沿淄博—济南西缘贯穿至济宁形成了一个中等水平发展带。不利的变化有2个:临沂落后地区的范围有所扩大;济宁核心区由较高水平降为中等水平。

未来山东经济格局的优化就是要把滨州、潍坊、烟台的莱州湾区形成一个高水平发展轴,再形成从莱州湾到胶州湾的发展轴,壮大从济南至半岛一线的发展轴,把从河口沿淄博—济南西缘贯穿至济宁的中等水平发展带巩固提高。尽量在菏泽和临沂培养中心发展极,争取最落后地区的发展有所突破。

5　山东省区域格局的影响因素分析

　　产业结构、就业结构、海陆位置、质量人口红利是影响山东区域格局的重要因素。一个地区的产业结构对地区GDP起决定性作用。同一时期各县（市）GDP与三次产业产值密切相关，分析不同时期山东省各县（市）GDP与三次产业产值的相关系数，可以判断产业之间的联系状况，进而可以分析各产业对GDP的贡献。同时，各县（市）的就业结构与县（市）GDP也有密切关系，测算县（市）就业结构与县（市）GDP的相关系数，对揭示山东县（市）GDP空间格局也有所帮助。地理位置，特别是海陆地理位置深刻地影响山东区域格局，质量人口红利对山东区域格局的影响越来越重要。

5.1　三次产业对GDP贡献分析

　　地区产业结构对地区GDP的作用贡献可以借助相关分析进行分析。分别分析2000年、2005年、2010年、2015年各县（市）人均GDP数值与人均第一产业数值、人均第二产业产值、人均第三产业产值的相关性，不但可以发现县（市）GDP与第一产业产值、第二产业产值、第三产业产值的关系的紧密程度，而且可以进一步分析各产业对GDP的贡献值。2000年、2015年的数据来自《中国县域统计年鉴2001》《中国县域统计年鉴（市县卷）2016》，2005年、2010年的数据来源《中国区域统计年鉴2006》《中国区域统计年鉴2011》。理想的数据应该包括所有县（市）的数据，但这两种统计年鉴中并没有区的统计数据，只有91个县（市）的统计数据。尽管数据不全，但也能从其中发现GDP与各分项之间的相关程度以及GDP各分项对总GDP贡献的年际变化特点。

　　先采用相关分析法分析GDP、第一产业产值、第二产业产值、第三产业产值之间的相关性，再采用标准回归系数法分析各产业对GDP的贡献大小，最后采用聚类分析法分析县（市）收入类型特点。

标准回归系数法是通过建立县（市）人均GDP与人均第一产业产值、人均第二产业产值、人均第三产业产值之间的回归方程，利用方程中的回归系数，经标准化和归一化之后，最终确定各来源收入对纯收入的贡献权重，具体过程如下。

将县（市）人均GDP作为因变量（Y），人均第一产业产值、人均第二产业产值、人均第三产业产值作为自变量（X_1，X_2，X_3），建立多元回归方程如式（5-1）。

$$Y=\beta_0+\beta_1 X_1+\beta_2 X_2+\beta_3 X_3 \tag{5-1}$$

回归系数标准化的公式如式（5-2）。

$$\beta'_i=\beta_i S_i/S_y \tag{5-2}$$

式中，S_i为X_i的标准差；S_y为y的标准差；β'_i为标准回归系数。最后得出标准回归系数计算各来源收入的贡献权重如式（5-3）。

$$W_i（\%）=\beta'_i/\sum\beta'_i\times100 \tag{5-3}$$

在此基础上计算各项来源收入对总收入的贡献大小。

聚类分析是根据研究对象的属性特点进行分类的方法。这种方法能够将一组样本根据其数据特征，按照性质上的亲疏程度进行分类，产生多个分类结果。这里采用聚类分析中的系统聚类法进行分析。

5.1.1　各年份GDP与三次产业的相关关系

表5-1至表5-5依次是相关年份各县（市）人均GDP与其人均第一产业产值、人均第二产业产值、人均第三产业产值的相关系数。从GDP与第一产业产值、第二产业产值、第三产业产值之间的相关系数可以看出它们之间的联系。

由表5-1可知，2000年GDP与第一产业产值、第二产业产值、第三产业产值之间的相关系数分别是0.633、0.913、0.974。反映出GDP与第三产业的联系最高，与第二产业的联系次之，与第一产业的联系最低，总体上GDP与三次产业之间联系紧密。第一产业产值与GDP、第二产业产值、第三产业产值之间的相关系数分别是0.633、0.280、0.634。反映出第一产业产值与第三产业的联系最高，与GDP的联系次之，与第二产业的联系最低，总体上第一产业产值与其他3项之间联系最为松散。第二产业产值与GDP、第一产业产值、第三产业产值之间的相关系数分别是0.913、0.280、0.850。反映出第二产业产值与GDP的联系最高，与第三产业的联系次之，与第一产业的联系最低，总体上第二产业产值与其他三项之间联系比较紧密。第三产业产值与GDP、第一产业产值、第二产业产值之间的相关系数分别是0.974、0.634、0.850。反映出第三产业与GDP的联系最高，与第二产业的联系次之，与第一产业的联系最低，总体上第三产业与其他3项之间联系紧密。总体而言，GDP与三次产业之间的联系最高，第三产业与其他三项之间的联系次之，第二产业与其他3项的联系又次之，最次为第一产业与其他3项的联系。

表5-1　2000年县（市）人均GDP与三次产业产值的相关系数

		GDP	第一产业	第二产业	第三产业
GDP	相关系数	1.000	0.633	0.913	0.974
	显著度	双侧检验	1.34E-11	7.22E-37	
第一产业	相关系数	0.633	1.000	0.280	0.634
	显著度	双侧检验	1.34E-11		0.006 870 42	
第二产业	相关系数	0.913	0.280	1.000	0.850
	显著度	双侧检验	7.22E-37	0.006 870 42		
第三产业	相关系数	0.974	0.634	0.850	1.000
	显著度	双侧检验	9.14E-60	1.13E-11	8.76E-27	

由表5-2可知，2005年GDP与第一产业产值、第二产业产值、第三产业产值之间的相关系数分别是0.465、0.921、0.947。GDP与第三产业的联系最高，与第二产业的联系次之，与第一产业的联系最低，总体上GDP与三次产业之间联系紧密，与2000年相同。第一产业产值与GDP、第二产业产值、第三产业产值之间的相关系数分别是0.465、0.109、0.497。反映出第一产业产值与第三产业的联系最高，与GDP的联系次之，与第二产业的联系最低，第一产业产值与其他3项之间联系比2000年还要松散。第二产业产值与GDP、第一产业产值、第三产业产值之间的相关系数分别是0.921、0.109、0.806。反映出第二产业产值与GDP的联系最高，与第三产业的联系次之，与第一产业的联系最低，总体上第二产业产值与其他，3项之间联系比较紧密。第三产业产值与GDP、第一产业产值、第二产业产值之间的相关系数分别是0.947、0.497、0.806。反映出第三产业与GDP的联系最高，与第二产业

的联系次之，与第一产业的联系最低，总体上第三产业与其他3项之间联系紧密。与2000年相同，GDP与三次产业之间的联系最高，第三产业与其他3项之间的联系次之，第二产业与其他3项的联系又次之，最次为第一产业与其他3项的联系。

表5-2 2005年县（市）人均GDP与三次产业产值的相关系数

		GDP	第一产业	第二产业	第三产业
GDP	相关系数	1	0.465**	0.921**	0.947**
	显著度	双侧检验	0.000	0.000	0.000
第一产业	相关系数	0.465**	1	0.109	0.497**
	显著度	双侧检验	0.000		0.302	0.000
第二产业	相关系数	0.921**	0.109	1	0.806**
	显著度	双侧检验	0.000	0.302		0.000
第三产业	相关系数	0.947**	0.497**	0.806**	1
	显著度	双侧检验	0.000	0.000	0.000	

注：**，置信水平在1%上的相关系数（双侧检验），下同。

由表5-3可知，2010年GDP与第一产业产值、第二产业产值、第三产业产值之间的相关系数分别是0.458、0.900、0.960。GDP与第三产业的联系最高，与第二产业的联系次之，与第一产业的联系最低，总体上GDP与三次产业之间联系紧密，与前面两个年份相同。第一产业产值与GDP、第二产业产值、第三产业产值之间的相关系数分别是0.458、0.043、0.417。反映出第一产业产值与GDP的联系最高，与第三产业的联系次之，与第二产业的联系最低，第一产业产值与其他3项之间联系比前两个年份更加松散。前两个年份第一产业产值与第三产业的联系最高，与GDP的联系次之；2010年则变为第一产业产值与GDP的联系最高，与第三产业的联系次之。第二产业产值与GDP、第一产业产值、第三产业产值之间的相关系数分别是0.900、0.043、0.832。反映出第二产业产值与GDP的联系最高，与第三产业的联系次之，与第一产业的联系最低，总体上第二产业产值与其他3项之间联系比较紧密。第三产业产值与GDP、第一产业产值、第二产业产值之间的相关系数分别是0.960、0.417、0.832。反映出第三产业与GDP的联系最高，与第二产业的联系次之，与第一产业的联系最低，总体上第三产业与其他3项之间联系紧密。与前两个年份相同，GDP与三次产业之间的联系最高，第三产业与其他3项之间的联系次之，第二产业与其他3项的联系又次之，最次为第一产业与其他3项的联系。

表5-3　2010年县（市）人均GDP与三次产业产值的相关系数

		GDP	第一产业	第二产业	第三产业
GDP	相关系数	1.000	0.458	0.900	0.960
显著度	双侧检验		4.47E-06	7.29E-34	
第一产业	相关系数	0.458	1.000	0.043	0.417
显著度	双侧检验	4.47E-06		0.687 257 114	
第二产业	相关系数	0.900	0.043	1.000	0.832
显著度	双侧检验	7.29E-34	0.687 257 114		
第三产业	相关系数	0.960	0.417	0.832	1.000
显著度	双侧检验	8.80E-51	3.98E-05	1.84E-24	

　　由表5-4可知，2015年GDP与第一产业产值、第二产业产值、第三产业产值之间的相关系数分别是0.412、0.902、0.965。GDP与第三产业的联系最高，与第二产业的联系次之，与第一产业的联系最低，总体上GDP与三次产业之间联系紧密，与前面3个年份相同。第一产业产值与GDP、第二产业产值、第三产业产值之间的相关系数分别是0.412、0.012、0.380。反映出第一产业产值与GDP的联系最高，与第三产业的联系次之，与第二产业的联系最低，第一产业产值与其他3项之间联系比前3个年份更加松散。与2010年相同，第一产业产值与GDP的联系最高，与第三产业的联系次之。第二产业产值与GDP、第一产业产值、第三产业产值之间的相关系数分别是0.902、0.012、0.832。反映出第二产业产值与GDP的联系最高、与第三产业的联系次之，与第一产业的联系最低，总体上第二产业产值与其他3项之间联系比较紧密。第三产业产值与GDP、第一产业产值、第二产业产值之间的相关系数分别是0.965、0.380、0.832。反映出第三产业与GDP的联系最高，与第二产业的联系次之，与第一产业的联系最低，总体上第三产业与其他3项之间联系紧密。与前，3个年份相同，GDP与三次产业之间的联系最高，第三产业与其他3项之间的联系次之，第二产业与其他3项的联系又次之，最次为第一产业与其他3项的联系。

　　把各年份各项目与其他项目之间的相关系数求和，再求平均值，既可以反映各项目与其他项目之间联系的密切程度，也可以反映每一单项的时间变化特征。

表5-4　2015年县（市）人均GDP与三次产业产值的相关系数

		GDP	第一产业	第二产业	第三产业
GDP	相关系数	1	0.412**	0.902**	0.965**
显著度	双侧检验		0	0	0
第一产业	相关系数	0.412**	1	0.012	0.380**
显著度	双侧检验	0		0.912	0
第二产业	相关系数	0.902**	0.012	1	0.832**
显著度	双侧检验	0	0.912		0
第三产业	相关系数	0.965**	0.380**	0.832**	1
显著度	双侧检验	0	0	0	

由表5-5可知，所有年份分项目相关系数的排名次序均为GDP第一、第三产业第二、第二产业第三、第一产业居末位。从时间动态看，各产业产值的平均相关系数都是不断下降的，下降幅度最大的是第一产业，这反映出各县市的三次产业之间的联系越来越松散。

表5-5　相关年份各产业产值的平均相关系数

	2000年	2005年	2010年	2015年
GDP	0.840	0.778	0.772	0.760
第一产业	0.516	0.357	0.306	0.268
第二产业	0.681	0.612	0.592	0.582
第三产业	0.819	0.750	0.736	0.726

5.1.2　三次产业对GDP贡献分析

如前所述，GDP与第一产业产值、第二产业产值、第三产业产值之间的相互相关程度比较密切，在此采用回归分析计算GDP与其他3项之间的回归方程，见表5-6。

表5-6　2002—2014年农村居民收入来源构成的贡献特征

年份	相关系数	系数平方	回归方程
2000	1	1	$GDP=0.248+0.999P+0.999S+1.000T$
2005	0.999	0.999	$GDP=80.332+0.976P+1.000S+0.985T$
2010	1	1	$GDP=95.447+0.999P+1.002S+0.997T$
2015	1	1	$GDP=-0.100+1.000P+0.999S+1.000T$

由表5-6可知，GDP与其他3项之间的复合相关系数非常之高，几乎都是1，而且4个年份都是非常高的状态。表5-7是4个年份GDP各单项对GDP贡献率情况。

由表5-7可知，从产业结构的变化看，一二三产业的比重由24.65%、44.25%、31.10%演变为10.46%、50.62%、38.93%。目前，山东省第二产业的比重仍高达50%，一方面反映出山东省工业大省的现状，另一方面也表明山东第三产业发展仍有待提高，这既是缺点，又是有潜力的地方。从三次产业对GDP的贡献值来分析，第二产业对GDP贡献值最高，其次是第三产业，第一产业的贡献最低。与三次产业产值比重对比看，第一产业对GDP的贡献明显偏高，这表明山东省的第一产业对GDP的重要性超过其产值比重的份额。从时间动态看，三次产业对GDP的贡献并未与三次产业结构的变化同步，2000年三次产业对GDP的贡献与2015年比较接近。在未来发展中，不能轻视第一产业的发展，同时要提高二三产业的水平，以提高两者对GDP的贡献值。

表5-7　4个年份GDP来源构成及其贡献（%）

年份	产业构成			产业贡献		
	第一产业	第二产业	第三产业	第一产业	第二产业	第三产业
2000	24.65	44.25	31.10	23.36	48.29	28.36
2005	15.40	56.63	27.97	20.71	54.62	24.67
2010	12.07	55.71	32.22	23.83	50.16	26.01
2015	10.46	50.62	38.93	21.27	47.35	31.38

5.2 GDP与就业的相关性分析

区域GDP水平与区域产业结构密切相关，是产业结构演进的一般规律。同时，区域GDP水平与区域就业结构也密切相关。美国著名经济学家西蒙·库兹涅茨研究了国民收入和劳动力在产业间分布的演变规律，他指出，随着年代的延续，农业部门实现的国民收入，在整个国民收入中的比重以及农业劳动力在总劳动力中的比重均不断下降；工业部门国民收入的相对比重大体上是上升的，工业部门中劳动力的相对比重大体不变或略有上升；服务部门的劳动力相对比重呈现上升趋势，但国民收入的相对比重却并不必须与劳动力相对比重的上升趋势同步，综合起来看是大体不变或略有上升。库兹涅兹根据对经济发展程度不同的国家的分析比较中得出如下结论，不发达国家的第一次产业和第二次产业的比较劳动生产率的差距比发达国家要大。不发达国家多为农业国，发达国家多为工业国。穷国要从穷变富，必须发展非农业部门。

由于缺乏各县（市）三次产业就业的数据，在此根据各个县（市）的人均GDP、城镇就业人员、乡村就业人员数据分析山东省2000年、2005年、2010年GDP水平与就业之间的相关关系。以所有县（市）中人均GDP最大值为标准，把各县（市）的人均GDP进行最大值标准化。再对城镇就业人员与乡村就业人员求和，分别计算各县（市）城镇就业与乡村就业占总就业人数的比例。采用相关分析，分析三者之间的相关关系。表5-8是2000年各县（市）人均GDP与就业的相关系数。

表5-8 2000年县（市）人均GDP与城乡就业的相关系数

		GDP	城镇就业	乡村就业
GDP	相关系数	1.000	0.717	−0.717
显著度	双侧检验		8.822E-16	8.822E-16
城镇就业	相关系数	0.717	1.000	−1.000
显著度	双侧检验	8.821 86E-16		0
乡村就业	相关系数	−0.717	−1.000	1.000
显著度	双侧检验	8.821 86E-16	0	

由表5-8可知，2000年GDP与城镇就业、乡村就业之间的相关系数分别

是0.717、-0.717。GDP与城镇就业之间呈显著正相关,与乡村就业呈显著负相关。城镇就业与乡村就业之间呈完全负相关的状态。可见,从就业的角度,转移乡村就业人口,降低乡村就业比例,提高城镇就业比例,实际上也是把劳动力更多地转移到第二产业与第三产业中,当然也就能提高GDP产出。

由表5-9可知,2005年GDP与城镇就业、乡村就业之间的相关系数分别是0.692、-0.692。GDP与城镇就业之间呈显著正相关,相关系数较之于2000年有所减小;GDP与乡村就业呈显著负相关,显著性较之于2000年也有所减小。城镇就业与乡村就业之间由完全负相关演变为显著负相关的状态。

表5-9　2005年县（市）人均GDP与城乡就业的相关系数

		GDP	城镇就业	乡村就业
GDP	相关系数	1	0.692	-0.692
显著度	双侧检验		2.999 87E-14	2.999 87E-14
城镇就业	相关系数	0.692	1	-0.647
显著度	双侧检验	2.999 87E-14		3.252 06E-12
乡村就业	相关系数	-0.692	-0.647	1
显著度	双侧检验	2.999 87E-14	3.252 06E-12	

由表5-10可知,2010年GDP与城镇就业、乡村就业之间的相关系数分别是0.666、-0.666。GDP与城镇就业之间呈显著正相关,相关系数较之于2005年进一步减小,但减小幅度很小;GDP与乡村就业呈显著负相关,显著性较之于2005年也有所减小。城镇就业与乡村就业之间为显著负相关的状态,负相关较之于2005年有轻微上升。

表5-10　2010年县（市）人均GDP与城乡就业的相关系数

		GDP	城镇就业	乡村就业
GDP	相关系数	1	0.666	-0.666
显著度	双侧检验		5.915 92E-13	5.915 92E-13
城镇就业	相关系数	0.666	1	-0.688
显著度	双侧检验	5.915 92E-13		3.443 92E-14
乡村就业	相关系数	-0.666	-0.688	1
显著度	双侧检验	5.915 92E-13	3.443 92E-14	

农村就业中分为农林牧渔业就业与非农林牧渔业就业，这两部分就业人口的比例也与地区GDP水平相关。在此以县（市）农林牧渔业就业与非农林牧渔业就业占农村就业比例与县（市）标准化值作相关分析，得出2005年县（市）人均GDP与前两者之间的相关系数，见表5-11。

表5-11 2005年县（市）人均GDP与农林牧渔业就业的相关系数

		GDP	农林牧渔业	其他乡村就业
GDP	相关系数	1	−0.478	0.478
显著度	双侧检验		1.632 3E-06	1.632 3E-06
农林牧渔业	相关系数	−0.478	1.000	−1.000
显著度	双侧检验	1.206 04E-09		3.170 06E-28
其他乡村就业	相关系数	0.478	−1.000	1.000
显著度	双侧检验	1.632 3E-06	0	

由表5-11可知，2005年GDP与农林牧渔业就业、与非农林牧渔业就业之间的相关系数分别是−0.478、0.478。GDP与农林牧渔业就业之间呈中度负相关，GDP与非农林牧渔业就业呈中度正相关。农林牧渔业就业与非农林牧渔业就业之间呈完全负相关。

总体上，GDP与城镇就业呈显著的正相关，与农村就业中的非农林牧渔业就业呈轻度正相关；GDP与农村就业呈显著负相关，与农林牧渔业就业呈中度负相关。要发展地区的GDP，就要促进非农就业，促进工业化发展，在农村发展非农产业，在城镇发展工业与第三产业。

5.3 海陆位置对经济发展的影响分析

沿海地区因为对外开放比较早，较早地接受了先进的思想文化和经济发展方式。从交通条件看，沿海地区航空旅客周转量占山东总量的66.92%，沿海地区港口货物吞吐量占山东总量的95.24%，沿海与内地在航空与水运方面的差距十分悬殊。从铁路交通看，沿海地市开通的高速铁路与普通铁路的线路数量也明显多于内陆地市，但与内陆地市的差距是三类交通中差距最小的。综上所述，山东省17地市因为海陆位置差异和海陆空交通网络建设水平的差异，已经形成了明显的综合交通差异。海运条件的巨大差异导致的航运交通的差异是难以改变的，也是奠定山东省总体交通条件海陆差异的根本原因。沿海地区交通便利，内陆地区开发开放得比较晚，而且交通不如沿海地区便利，因此与其经济发展与沿海地区有一定的差距。这种差距不仅仅表现在经济方面，同时还表现在政治、文化等各种领域，如完善交通设施，加快投资引商的步伐、制定完善的政治政策以及切实可行的经济发展计划等都导致沿海与内地的差距明显，山东省沿海地区与内陆地区之间也存在明显的发展差距。

根据海陆位置把济南市、淄博市、枣庄市、济宁市、泰安市、莱芜市、临沂市、德州市、聊城市、菏泽市10地市划归内地地区，把青岛市、威海市、日照市、东营市、烟台市、潍坊市、滨州市7地市划归沿海地区。从表5-12可见，1995年、2005年、2016年两类地区在人均GDP、农村居民人均纯收入、城镇居民人均收入方面存在明显的差距。在3个年份里，无论各项指标的最高值、最低值、平均值都是沿海地区明显高于内陆地区。

1995年各地市人均GDP的排名中，沿海的东营市、威海市、青岛市、烟台市、潍坊市、日照市、滨州市分别是第1、第2、第4、第5、第7、第12、第13位，沿海地区人均GDP为8 193元，内陆地区人均GDP为4 565元。1995年各地市农村居民人均收入的排名中，沿海的威海市、潍坊市、青岛市、烟台市、日照市、东营市、滨州市分别是第1、第2、第3、第4、第5、第7、第14位，沿海地区农村居民人均收入为3 265元，内陆地区为2 549元。

2005年各地市人均GDP的排名中，沿海的东营市、威海市、青岛市、烟台市、滨州市、潍坊市、日照市分别是第1、第2、第3、第6、第8、第9、第12位，沿海地区人均GDP为27 537元，内陆地区人均GDP为16 509元。2005年各地市农村居民人均收入的排名中，沿海的青岛市、威海市、潍坊市、东营市、日照市、烟台市、滨州市分别是第1、第2、第3、第4、第5、第6、第12位，沿海地区农村居民人均收入为7 264元，内陆地区为5 276元。2005年各地市城镇居民人均收入的排名中，沿海的东营市、青岛市、烟台市、威海市、滨州市、潍坊市、日照市分别是第1、第3、第4、第5、第10、第11、第14位，沿海地区城镇居民人均收入为12 727元，内陆地区为11 069元。

表5-12　山东沿海与内地的经济差距（元）

地区	1995年		2005年			2016年		
	人均GDP	农民人均纯收入	人均GDP	农民人均纯收入	城镇居民人均收入	人均GDP	农民人均纯收入	城镇居民人均收入
济南市	8 884	2 624	31 726	6 399	14 921	90 999	15 346	43 052
淄博市	10 269	2 810	34 348	6 121	12 547	94 587	15 674	36 436
枣庄市	4 932	2 642	17 243	5 660	10 675	54 984	13 018	27 708
济宁市	4 833	2 857	15 755	5 678	11 558	51 662	13 615	29 987
泰安市	3 896	2 475	15 538	5 260	10 928	59 027	14 428	30 299
莱芜市	5 791	2 673	21 724	6 009	12 360	51 533	14 852	32 364
临沂市	3 226	2 654	11 898	5 069	11 603	38 803	11 646	30 859
德州市	3 547	2 710	15 053	4 965	9 846	50 856	12 248	22 760
聊城市	3 003	2 136	12 171	4 765	9 500	47 624	11 387	23 227
菏泽市	2 068	2 125	5 090	4 063	8 030	29 904	10 705	22 122
内陆地市	**4 565**	**2 549**	**16 509**	**5 276**	**11 069**	**54 415**	**12 957**	**29 656**
青岛市	9 377	3 516	36 450	8 370	13 865	109 407	17 969	43 598
威海市	13 861	3 758	46 941	8 328	13 271	114 220	17 573	39 363
日照市	4 524	3 010	15 715	7 047	10 634	62 357	13 379	28 340
东营市	13 976	2 814	64 606	7 179	16 667	164 024	14 999	41 580
烟台市	9 121	3 075	31 076	6 589	13 836	98 388	16 721	38 744
潍坊市	6 453	3 531	17 621	7 282	10 937	59 275	16 098	33 609
滨州市	4 309	2 553	17 976	5 406	11 364	63 745	13 736	30 583
沿海地市	**8 193**	**3 265**	**27 537**	**7 264**	**12 727**	**89 465**	**16 268**	**37 204**

2016年各地市人均GDP的排名中，沿海的东营市、威海市、青岛市、烟台市、滨州市、日照市、潍坊市分别是第1、第2、第3、第4、第6、第8、第9位，沿海地区人均GDP为89 465元，内陆地区人均GDP为54 415元。2016年各地市农村居民人均收入的排名中，沿海的青岛市、威海市、烟台市、潍坊市、东营市、滨州市、日照市分别是第1、第2、第3、第4、第7、第10、第12位，沿海地区农村居民人均收入为16 268元，内陆地区为12 957元。2016年各地市城镇居民人均收入的排名中，沿海的青岛市、东营市、威海市、烟台市、潍坊市、滨州市、日照市分别是第1、第3、第4、第5、第7、第10、第13位，沿海地区城镇居民人均收入为37 204元，内陆地区为29 656元（表5-13）。

表5-13　3个年份沿海地区与内陆地区经济差距

	1995年		2005年		2016年	
	绝对差距（元）	相对差距（%）	绝对差距（元）	相对差距（%）	绝对差距（元）	相对差距（%）
人均GDP	3 628	79.47	11 028	66.80	35 050	64.41
农民人均收入	716	28.09	1 988	37.68	3 311	25.55
城镇居民人均收入			1 658	14.98	7 548	25.45

从绝对差距的角度看，沿海地区与内陆地区在人均GDP、农村居民人均纯收入、城镇居民人均收入是随着时间的推移逐渐扩大的。人均GDP的相对差距是逐渐缩小的，农村居民人均纯收入先扩大、后缩小；城镇居民人均收入是逐渐扩大的。

总而言之，从地市为单元的角度看，山东沿海地区与内陆地区存在明显差距，海陆位置是决定山东经济格局的重要因素。根据自然资源部海洋战略规划与经济司发布《2018年中国海洋经济统计公报》，2018年全国海洋经济生产总值83 415亿元，同比增长6.7%，海洋生产总值占国内生产总值的9.3%。其中，海洋第一产业增加值3 640亿元，第二产业增加值30 858亿元，第三产业增加值48 916亿元，海洋第一、第二、第三产业增加值占海洋生产总值的比重分别为4.4%、37.0%和58.6%。据测算，2018年全国涉海就业人员3 684万人。2018年，我国海洋产业继续保持稳步增长。其中，海洋电力业发展势头强劲，海上风电装机规模不断扩大；海洋生物医药业快速增长，科技成果不断取得新突破；海水利用业较快发展，产业化步伐逐步加快；海洋渔业生产结构加快调整，海洋捕捞产量减少明显；滨海旅游发展规模持续扩大，海洋旅游新业态潜能进一步释放；海洋交通运输业平稳较快发展，海洋运输服务能力水平不断提高；海洋油气业平稳发展，生产结构持续优化，海洋天然气产量再创新高，海洋原油产量同比继续小幅下降；海洋矿业转型升级取得实效，增加值企稳回升；海洋船舶工业、海洋工程建筑业、海洋盐业转型升级走向深入，增加值同比有所下降。

2003年我国海洋生产总值为10 077.71亿元，2018年海洋生产总值为83 415亿元，2018年总产值为2003年的8.24倍，年名义增长率为15.09%。2006年我国海洋相关产业生产总值为8 593亿元，2018年海洋相关产业生产总值为30 449亿元，2018年总产值为2006年的3.54倍，年名义增长率为11.12%。滨海旅游是除了科研教育管理服务业之外的最大海洋产业，2018年产值16 078亿元，年均增速高达17.25%，海洋交通运输业增速16.95%，海洋工程建筑业增速为25.16%，海洋船舶制造业增速19.67%，海洋生物医药业增速25.75%，海洋化工业增速35.77%。相比之下，海洋渔业增速最低，为6.92%。海洋产业在我国有很大的发展潜力。如果山东省在海洋产业获得长足进步，则会加剧区域发展差距。

5.4 质量人口红利对区域经济格局的影响

5.4.1 关于质量人口红利

劳动力从数量供给与技术提升方面对区域社会经济发展有重要的作用。在传统社会与粗放发展阶段，劳动力的数量供应对区域发展作用大。传统的"人口红利"正是这样的思路。基于区域资源的有限性，区域的人口与劳动力并非越多越好，因此有适度人口的理论。

传统的"人口红利"指的是一国或者区域人口生育率的迅速下降而造成少儿抚养比例迅速下降，劳动年龄人口比例上升，在老年人口比例达到较高水平之前，将形成一个劳动力资源相对丰富、抚养负担轻、对经济发展十分有利的"黄金时期"，人口经济学家称之为"人口红利"。传统观点认为中国经济发展正是源于劳动力供应的"人口红利"，中国长期每年供给的劳动力总量约为1 000万人，保证了经济增长中对劳动力的需求；劳动力资源丰富和成本优势已经使中国成为世界工厂和世界经济增长的引擎。在现代工业化国家经济起飞过程中，一般都有一个"人口红利期"，这在中国过去30年的经济发展中表现得尤其明显。

同样作为人口超大国家的印度，目前生育率达2.43，远超中国。人口的年龄结构非常良好，平均年龄25.1岁，15～24岁的人口占17.9%，大约有2.4亿人，可用的劳动力很多，65岁以上的老年人仅占5.3%，具备释放人口红利的条件，可是印度却没有发生中国式的长期稳定的人口红利效应。

关于人口红利与经济增长的贡献是否显著，学术界存在两种完全相反的观点。"显著论者"认为"人口红利"对20世纪东亚经济高速增长的贡献达到1/3，但"非显著论者"发现，经历了和东亚国家类似的人口结构改变的拉丁美洲，出现了高通货膨胀和政治不稳定的经济社会被动局势，经济增长裹足不前，人口红利并没有使拉丁美洲各国实现自身的发展。对于用人口红利解释东亚经济增长奇迹的学说，"非显著论者"的反驳是，日本和韩国"人口机会窗口期"与"经济高速增长期"的错位使"显著论者"对于用人口红利来解释经济增长的理论大打折扣。日本的"人口机会窗口期"落在1965—2003年，但日本经济的高速增长期出现在1955—1973年。"人口机会窗口期"对应的是经济增长的低速期甚至负增长期。显然，用滞后的"人口机会窗口期"来解释经济增长有失偏颇。

针对人口红利促进经济增长条件的"因素论"认为，人口红利既不是经济超常增长的必要条件，也不是充分条件。关于人口红利促进经济增长的途径方面，目前学术界有些人对人口红利存在误解，他们把人口机会窗口等同于人口红利。人口机会窗口的开启只是为获得"人口红利"提供了一个机会，并不会自动地导致更快的经济增长。劳动力的充分就业是获得人口红利的必要条件，劳动力配置制度的有效供给是利用人口红利的保障。穆光宗将这些途径归纳为3种效应：创富效应、投资效应、积累效应。创富效应源自劳动力的充裕供给所创造的社会财富。投资效应是高储蓄率导致的投资增加所产生的经济增长效应。积累效应是社会保障支出少，生产性消费支出多而导致的财富积累效果。

有人认为印度理论上的"人口红利"不能转为现实"人口红利"的原因有4个：一是劳动力素质低，无法满足制造业升级的需求。二是印度根深蒂固的种姓制度制约了阶层的流动，无法释放印度的人力资源。三是印度工业基础薄弱，经济发展的可持续性不强。四是印度国内市场分割，至今没有形成一个统一的国内大市场。印度有着发展经济得天独厚的自然资源和人力资源，但由于其制度性的缺陷没有得到改变，劳动力配置制度无法为人口红利的有效供给提供保障，限制了"人口红利"潜力的发挥。

目前关于人口红利的研究更多地聚焦在劳动力数量方面，并且割裂了人口红利数量属性与质量属性间的天然联系；不同的学者对人口红利的分类与计量并未形成完全一致的认识；学者对于人口红利的质量属性方面，尚无统一的计量方法，导致难以从定量角度分析人口红利的不同属性对经济发展的作用。从本质上讲，人口红利分为数量型红利和质量型红利，人口红利是数量属性和质量属性的天然结合体。在不同的发展阶段，二者在人口红利中的比例不同，在社会经济水平低下的阶段，人口红利的数量属性明显；在社会经济水平较高的阶段，人口红利的质量属性明显。

质量人口红利不仅是国家沿海与内地经济社会发展差异的原因，也是山东沿海与内陆社会经济发展差异的重要原因。在已有研究者的启发之下，笔者对人口红利的定义是，人口红利是指因劳动人口数量增加与质量提升所产生的有利于经济增长的效应。人口红利分为数量人口红利与质量人口红利，人口红利是数量人口红利与质量人口红利天然联系的共同体，一个区域的数量人口红利与质量人口红利同时对区域经济发挥作用，在不同的时间段，二者作用相对大小不同；分析二者贡献大小变化规律能揭示区域社会经济发展的规律。

习近平总书记在多个场合强调技术发展的重要性，要求我们要瞄准世界科技前沿，强化基础研究，加强国家创新体系建设，强化战略科技力量。随着社会经济发展水平的不断提高，技术进步对一个区域经济发展的作用越来越重要。我国要实现中华民族伟大复兴的中国梦，必须加快各领域科技创新。发展是第一要务，人才是第一资源，创新是第一动力。中国如果不走创新驱动道路，新旧动能不能顺利转换，是不可能真正强大起来的，只能是大而不强。人才政策、创新机制都是下一步改革的重点。

科技发展与人才发展密不可分，是一个国家或者区域长远发展的第一要素。关于科技进步对区域经济的研究备受关注，索洛等的新古典经济增长模型将技术进步视为经济增长的外生变量，新增长理论的代表人卢卡斯与罗默尔则把技术进步视为经济增长的内生变量。至此，技术进步与人力资源对经济的作用开始统一起来。关于人口与经济的研究成果同样十分丰富，马尔萨斯首先提出人口总量与经济发展的关系，坎南、索维等提出了适度人口的观念，凯恩斯则认为人口增长可以推动经济增长。也有学者认为人口增长对经济增长带来了压力。第二次世界大战以后，舒尔茨、贝克尔、丹尼森等人的人力资本的研究开拓了人口与经济研究的领域。研究视角从关注人口数量与经济的关系转移到人口质量与经济发展方面。

中国社科院人口与劳动经济研究所所长张车伟在接受中国证券报记者专访时表示，从供给端看，我国新成长劳动力的供给结构已发生根本性变化。所谓新成长劳动力即达到劳动年龄、在社会初次择业就业的劳动力。每年新成长劳动力规模为1 500万～1 600万人，其中高中及以上毕业生占80%，从事体力劳动的进城务工人员每年只有100万～200万人。从需求端看，随着经济转型升级推进，新经济新业态创造出更多的就业岗位和就业机会，倒逼企业进一步加快转型升级，需要转型升级的企业越来越多。张车伟说，可以预见，随着人才技能水平的不断提高，"人口红利"将逐渐消失，"人才红利"将逐渐释放，"人才红利"将成为经济发展和产业转型升级推动力。要最大限度挖掘"人才红利"潜力，建立经济、产业和人才之间的良性互动关系，相互促进、相互推动。经济发展推动产业升级，产业升级吸纳更多人才，人才再推动产业发展。

中国人事科学院原院长吴江在接受中国证券报记者采访时表示，中国经济转型升级初见成效，"中国制造"开始向"中国智造"转变，经济发展开始从向"人口红利"要效益转变为向"人才红利"要效益，对劳动者素质提出更高要求，高收入、高技术成为未来就业市场主流趋势。

5.4.2　分析思路

数量人口红利指的是传统意义的人口红利，即因劳动年龄人口数量大、增长快及人口抚养比下降而带来的有利于经济数量扩张的增长效果；质量人口红利指的是人口质量提升带来的人口红利，即因劳动人口质量提升、劳动人口中知识型与技术型人口比例提升，体力型劳动人口比例下降而带来的劳动生产率提升、技术提升与创新、经济结构优化等有利于经济增长的效果。笔者用劳动者人口总量减去大学专科、大学本科、研究生数即得区域数量人口红利。把劳动人口中大学专科、大学本科、研究生人口定为质量红利人口范畴，根据受教育水平的不同，对其赋予不同的权重，计算区域的质量人口红利规模；对其分别定权重系数为1、1.25、2，用大学专科、大学本科、研究生的权重系数乘以各种其相应的人口数，加总即得山东各县区的质量人口红利规模。

　　本部分内容主要从研究山东省各县级区域人均GDP与各县区质量人口红利的对应关系这一思路出发，通过回归分析、秩对应分析方法，探讨各县区人均GDP与各县区质量人口红利的对应关系，以此揭示山东省各县区人均GDP与各县区质量人口红利的空间对应关系。本研究采用秩对应分析法，先把各县（市）人均GDP与质量人口红利分别以最大值为分母进行标准化，按照各县市的人均GDP与质量人口红利由小到大，划分为低、较低、中、较高、高5个级别。这是从人均GDP与质量人口红利相对值的角度进行水平划分，再视二者间水平的对应程度划分其对应类型。

　　若二者为同一水平级别则为高度对应，若差一个级别则为中度对应，若差两个级别则为不对应，若差三个级别则为中度反对应，若差四个级别则为高度反对应。给这5种对应关系赋值分别是1、0.5、0、−0.5、−1，分别表示二者高度对应、中度对应、不对应、中度反对应、高度反对应5种对应关系。再计算2016年各县（市）年末户籍人口（万人）占山东省年末户籍人口（万人）的比例作为各县（市）的人口比例，以人口加权计算各县（市）人口比例与对应关系赋值乘积的总和作为总对应度。总对应度取值范围在−1~1，0是正反对应的临界点。−1~−0.6表示高度反对应，−0.6~−0.2表示中度反对应，−0.2~0.2表示不对应，0.2~0.6表示中度对应，0.6~1表示高度对应。借助ARCGIS软件，绘制2016年山东省人均GDP与质量人口红利的对应格局图。不仅可以计量山东省人均GDP与质量人口红利的总对应度，还能精确确定各县（市）的对应类型。通过分析总对应格局就可以反映山东省各县（市）人均GDP与质量人口红利的对应状况及其空间分布状况，从而反映山东省各县（市）人均GDP与质量人口红利的分异格局演变。

5.4.3　人均GDP与质量人口红利的相关分析

　　我国第五次人口普查和第六次人口普查时开始有各县市区人口的受教育程度的数据，前四次人口普查没有各县区人口教育的数据，所以各县区人均GDP与质量人口红利的相关分析、人均GDP与质量人口红利对应分析的数据来自《中国2000年人口普查资料》《中国2010年人口普查分县资料》之中。

按照前面所述的方法，把各县（市）劳动人口中大专人口、大学本科人口、研究生人口以加权求和得到其质量人口红利数，再除以各自的劳动人口进行标准化，即得各县（市）质量人口红利占劳动人口的比例。再把各县（市）人均GDP以最大值标准化，把标准化后的两组数据输入SPSS软件中，利用Linear分析这两组数据的数学模型与相关系数，分析得出2000年与2010年的回归方程与相关系数如式（5-4）、（5-5）。

2000年：$y = 0.230 + 1.736x$　　$r=0.399$ 　　　　　　　　　　（5-4）

2010年：$y = 0.195 + 0.245x$　　$r=0.544$ 　　　　　　　　　　（5-5）

式中，自变量x为各县（市）质量人口红利占劳动人口的比例，因变量y为各县（市）人均GDP标准化值，r为相关系数。2000年相关系数为0.399，2010年相关系数为0.544。可见，这两个年份山东省各县（市）的人均GDP与质量人口红利呈明显的正相关，两个年份都是中度相关，而且两者之间的相关程度是逐渐增高的状态和趋势。尽管山东省各县（市）的人均GDP与质量人口红利的相关系数没有达到高度相关的程度，但中度相关与相关系数的逐渐增加足以表明质量人口红利对区域经济格局的作用是确定的。

5.4.4　山东省人均GDP与质量人口红利的秩对应分析

相关分析明确了山东省各县（市）人均GDP与质量人口红利之间的正相关关系，这是两者之间的总体相关情况。相关分析尚不能反映每一个县（市）具体的对应类型，要明确每一县（市）具体的对应情况，同时又反映出两者之间总体的对应情况，还要进一步分析。这里采用秩对应分析法，分别对2000年和2010年山东省各县（市）人均GDP与质量人口红利进行秩对应分析。

5.4.4.1　2000年人均GDP与质量人口红利的对应情况

按照前文所述的方法，对2000年139个县（市）人均GDP与质量人口红利分别以最大值为分母进行标准化，统计分析两者之间的对应关系，划分具体的对应类型，各县（市）对应类型如表5-14所示，能够更详细地反映出2000年山东省人均GDP与质量人口红利的对应类型。

表5-14　2000年山东省各县（市）人均GDP与质量人口红利对应类型

对应类型	市、县、区	个数（个）	人口比例（%）
高—高高度对应	历下区、济南市中区、青岛市南区、张店区、莱山区、济宁市中区	6	3.25
低—低高度对应	山亭区、乳山市、莒县、河东区、沂南县、郯城县、沂水县、兰陵县、平邑县、蒙阴县、临沭县、陵城区、宁津县、庆云县、临邑县、齐河县、平原县、夏津县、武城县、乐陵市、禹城市、阳谷县、莘县、茌平县、东阿县、冠县、高唐县、临清市、惠民县、阳信县、无棣县、沾化县、博兴县、邹平县、曹县、单县、成武县、巨野县、郓城县、鄄城县、定陶县、东明县、临朐县、安丘市、微山县、金乡县、嘉祥县、汶上县、泗水县、梁山县、岱岳区、宁阳县、东平县	53	40.15
较低—较低高对应	潍城区	1	0.42
中—较高中对应	槐荫区	1	0.45
较高—高中对应	天桥区、青岛市北区	2	1.21
较低—低中对应	高青县、沂源县、济阳县、商河县、薛城区、峄城区、台儿庄区、滕州市、莱阳市、栖霞市、海阳市、五莲县、寒亭区、费县、荣成市、莱城区、昌乐县、青州市、高密市、昌邑市、任城区、鱼台县、新泰市	23	17.49
低—较低中对应	莒南县	1	1.06
高—较高中对应	黄岛区、崂山区、滨城区	3	1.21
中—较低中对应	章丘市、河口区、福山区、兰山区、曲阜市	5	3.44
较低—中中对应	枣庄市中区	1	0.54
中—低不对应	长清县、平阴县、平度市、利津县、牟平区、罗庄区、坊子区、诸城市、寿光市、邹城市、肥城市、文登市	12	9.41
高—中不对应	李沧区、历城区、东昌府区、牡丹区、环翠区、德城区	6	5.16
较高—较低不对应	博山区、兖州市	2	1.20
中—高不对应	四方区	1	0.49

（续表）

对应类型	市、县、区	个数（个）	人口比例（%）
较高—低中反对应	即墨市、莱西市、淄川区、桓台县、垦利县、广饶县、莱州市	7	5.11
高—较低中反对应	钢城区、临淄区、周村区、长岛县、东港区、岚山区	6	2.61
较低—高中反对应	东营区、芝罘区、奎文区	3	1.83
高—低反对应	胶南市、城阳区、胶州市、龙口市、蓬莱市、招远市	6	4.30
低—高反对应	泰山区	1	0.67
总对应度	0.467 2	140	100

　　2000年山东省县级区域人均GDP与质量人口红利对应关系分为19种类型，高度对应的县（市）数60个，人口占全省人口的比例为44.12%。包括高—高高度对应、低—低高度对应、较低—较低高对应3个类型。高—高高度对应的县（市）数为6个，人口占全省的3.25%；低—低高度对应的县（市）数为53个，人口占全省的40.15%；较低—较低高度对应的县（市）数为1个，人口占全省的0.42%。

　　中度对应的县（市）数36个，人口占全省人口的比例为25.57%。包括中—较高中对应、较高—高中对应、较低—低中对应、低—较低中对应、高—较高中对应、中—较低中对应、较低—中中对应7个类型。中—较高中度对应的县（市）数为1个，人口占全省的0.45%；较高—高中度对应的县市数为2个，人口占全省的1.21%；较低—低中度对应的县（市）数为23个，人口占全省的17.49%；低—较低中对应县（市）1个，人口占全省的1.06%；高—较高中对应县（市）3个，人口占全省的1.21%；中—较低中对应县（市）5个，人口占全省的3.44%；较低—中中对应县（市）1个，人口占全省的0.54%。

　　不对应的市县数20个，人口占全省人口的比例为15.68%。包括中—低不对应、高—中不对应、较高—较低不对应、中—高不对应4个类型。中—低不对应的县（市）数为12个，人口占全省的9.41%；高—中不对应的县（市）数为6个，人口占全省的5.16%；较高—较低不对应的县（市）数为2个，人口占全省的1.20%；中—高不对应县（市）1个，人口占全省的0.49%。

中度反对应的县（市）数16个，人口占全省人口的比例为9.61%。包括较高—低中反对应、高—较低中反对应、较低—高中反对应3个类型。较高—低中度反对应的县（市）数为7个，人口占全省5.11%；高—较低中度反对应的县（市）数为6个，人口占全省的2.61%；较低—高中度反对应的县市数为3个，人口占全省（市）1.83%。

高度反对应的县（市）数7个，人口占全省人口的比例为5.01%。包括高—低反对应、低—高反对应两个类型。高—低反对应的县（市）数为6个，人口占全省的4.30%；低—高反对应的县（市）数为1个，人口占全省的0.67%。

从大的对应类型看，人口比重由高到低依次为高对应、中对应、不对应、中反对应、反对应；从具体的类型看，人口比重由高到低依次为低—低高对应、较低—低中对应、中—低不对应、高—中不对应、较高—低中反对应、高—低反对应、中—较低中对应、高—高高度对应、高—较低中反对应、较低—高中反对应、较高—高中对应、高—较高中对应、低—较低中对应、低—高反对应、较低—中中对应、较高—较低不对应、中—高不对应、中—较高中对应、较低—较低高对应。

2000年山东省人均GDP与质量人口红利之间共有19种具体类型，而人均GDP与质量人口红利的所有可能对应类型为25种，这表明当年山东人均GDP与质量人口红利的对应关系比较多样。同时，从19种对应类型的人口比例排序可以发现，2000年山东省人均GDP与质量人口红利总体表现出明显的一致性，计算得总对应度为0.467 2，表明二者之间呈现明显对应关系，这与前文采用相关分析得出的结果一致。彩图5-1是2000年山东省各县（市）人均GDP与质量人口红利的对应类型的空间格局。

山东省南北分别分布"高—高高度对应"和"低—低高度对应"两个相反的类型，这两个区域形成对应格局的两个基准点，北部地区分布"低—低高度对应""低—较低中度对应""较低—低中度对应""较低—较低高度对应""较低—中中度对应""中—低不对应"6个类型。中部地区分布"中—较低中度对应""中—中高度对应"两个类型区。南部地区分布"高—中不对应""较高—中中度对应""较高—较高高度对应""高—高高度对应"。表现为区域对应类型自北向南依次从"低—低高度对应"向

159

"高—高高度对应"类型区域渐次演化的空间特征。

5.4.4.2　2010年人均GDP与质量人口红利的对应情况

2010年139个县（市）人均GDP与质量人口红利的对应类型如表5-15所示。

表5-15　2010年山东省各县（市）人均GDP与质量人口红利对应类型

对应类型	市、县、区	个数（个）	人口比例（%）
高—高高度对应	历下区、济南市中区、市南区、黄岛区、崂山区、李沧区、张店区、莱山区	8	5.02
低—低高度对应	商河县、山亭区、金乡县、河东区、沂南县、苍山县、平邑县、曹县、单县、成武县、鄄城县、定陶县、东明县	13	10.42
较低—较低高对应	高青县、沂源县、峄城区、栖霞市、坊子区、昌乐县、安丘市、鱼台县、岱岳区、宁阳县、东平县、五莲县、莒南县、蒙阴县、临沭县、平原县、夏津县、武城县、禹城市、阳谷县、东阿县、莱城区、费县、临邑县、沾化县	25	15.75
较高—较高高对应	周村区、河口区、钢城区	3	0.98
中—中高对应	章丘市、曲阜市	2	1.81
中—较高中对应	福山区、潍城区、任城区、兰山区、罗庄区、滨城区	6	4.21
较高—高中对应	槐荫区、历城区、市北区	3	2.29
较低—低中对应	嘉祥县、汶上县、梁山县、莒县、陵县、宁津县、庆云县、乐陵市、莘县、冠县、郯城县、临清市、惠民县、阳信县	14	9.91
低—较低中对应	巨野县、郓城县、牡丹区、临朐县、泗水县	5	4.74
高—较高中对应	城阳区	1	0.79
中—较低中对应	平阴县、济阳县、平度市、台儿庄区、滕州市、利津县、牟平区、莱阳市、海阳市、寒亭区、青州市、诸城市、寿光市、高密市、昌邑市、微山县、邹城市、新泰市、齐河县、茌平县、高唐县、无棣县、博兴县	23	17.98
较低—中中对应	薛城区、沂水县	2	1.61

（续表）

对应类型	市、县、区	个数（个）	人口比例（%）
较高—中中对应	胶南市、博山区	2	1.42
中—高不对应	天桥区、长清区、四方区、东营区、芝罘区、泰山区、东港区	7	5.33
高—中不对应	长岛县、龙口市、临淄区、桓台县、垦利县	5	2.27
较高—较低不对应	即墨市、莱西市、淄川区、莱州市、肥城市、乳山市	6	5.40
较低—较高不对应	枣庄市中区	1	0.55
高—较低中反对应	胶州市、广饶县、蓬莱市、招远市、文登市、荣成市、岚山区、邹平县	8	5.28
较低—高中反对应	奎文区、济宁市中区、环翠区、德城区	4	2.98
低—较高中反对应	东昌府区	1	1.27
总对应度	0.500 6	139	100

　　2010年山东省县级区域人均GDP与质量人口红利对应关系分为20种类型，高度对应的县（市）数51个，人口占全省人口的比例为33.98%。包括高—高高度对应、低—低高度对应、较低—较低高对应、较高—较高高对应、中—中高对应5个类型。高—高高度对应的县（市）数为8个，人口占全省的5.02%；低—低高度对应的县市数为13个，人口占全省的10.42%；较低—较低高度对应的县（市）数为25个，人口占全省的15.75%；较高—较高高度对应的县（市）数为3个，人口占全省0.98%；中—中高度对应的县（市）数为2个，人口占全省的1.81%。

　　中度对应的县（市）数56个，人口占全省人口的比例为42.94%。包括中—较低中对应、较低—低中对应、低—较低中对应、中—较高中对应、较高—高中对应、较低—中中对应、较高—中中对应、高—较高中对应8个类型。中—较低中度对应的县（市）数为23个，人口占全省的17.98%；较低—低中度对应的县（市）数为14个，人口占全省的9.91%；低—较低中度对应的县（市）数为5个，人口占全省的4.74%；中—较高中对应县（市）6个，人口占全省的4.21%；较高—高中对应县（市）3个，人口占全省的

2.29%；较低—中中对应县（市）2个，人口占全省的1.61%；较高—中中对应县（市）2个，人口占全省的1.42%；高—较高中对应县（市）1个，人口占全省的0.79%。

不对应的县（市）数19个，人口占全省人口的比例为13.55%。包括较高—较低不对应、中—高不对应、高—中不对应、较低—较高不对应4个类型。较高—较低不对应的县（市）数为6个，人口占全省的5.40%；中—高不对应的县（市）数为7个，人口占全省的5.33%；高—中不对应的县（市）数为5个，人口占全省的2.27%；较低—较高不对应县（市）1个，人口占全省的0.55%。

中度反对应的县（市）数13个，人口占全省人口的比例为9.53%。包括高—较低中反对应、较低—高中反对应、低—较高中反对应3个类型。高—较低中度反对应的县（市）数为8个，人口占全省的5.28%；较低—高中度反对应的县（市）数为4个，人口占全省的2.98%；低—较高中度反对应的县（市）数为1个，人口占全省的1.27%。

2010年没有高度反对应的市县。

从大的对应类型看，人口比重由高到低依次为中对应、高对应、不对应、中反对应；与2000年不同的是没有了反对应；从具体的类型看，人口比重由高到低依次为中—较低中对应、较低—较低高对应、低—低高对应、较低—低中对应、较高—较低不对应、中—高不对应、高—较低中反对应、高—高高度对应、低—较低中对应、中—较高中对应、较低—高中反对应、较高—高中对应、高—中不对应、中—中高对应、较低—中中对应、较高—中中对应、低—较高中反对应、较高—较高高对应、高—较高中对应、较低—较高不对应。

2010年山东省人均GDP与质量人口红利之间共有20种具体类型，反映出2010年山东省人均GDP与质量人口红利的对应关系更加多样。同时，从20种对应类型的人口比例排序可以发现，2010年山东省人均GDP与质量人口红利总体表现出明显的一致性，计算得总对应度为0.500 6，表明二者之间呈现明显对应关系，这与前文采用相关分析得出的结果一致。2010年的总对应度略微高于2000年的对应度，表明人均GDP与人口红利之间的相关性进一步紧密。彩图5-2是2010年山东省各县（市）人均GDP与质量人口红利的对应类型的空间格局。

山东省南北分别分布"高—高高度对应"和"低—低高度对应"两个

相反的类型，这两个区域形成对应格局的两个基准点，北部地区分布"低—低高度对应""低—较低中度对应""较低—低中度对应""较低—较低高度对应""较低—中中度对应""中—低不对应"6个类型。中部地区分布"中—较低中度对应""中—中高度对应"两个类型区。南部地区分布"高—中不对应""较高—中中度对应""较高—较高高度对应""高—高高度对应"，表现为区域对应类型自北向南依次从"低—低高度对应"向"高—高高度对应"类型区域渐次演化的空间特征。

5.5 研发活动对区域经济格局的影响

第二次世界大战以后特别是1960年以来，新国际分工带来了全球性的资本流动和国际商品交换，世界生产逐渐形成了全球性的分工网络体系，导致了经济全球化的深化发展；全球化的直接推动力就是企业、地方、政府的追求利润、谋求发展和为其持续运行而必须取得的竞争优势。要在国家层面、区域层面、产业层面、企业层面保持竞争优势，必须保持其更新能力和创新能力，这充分体现在企业产品价值链的各个环节和相应活动创新。无论企业层面的创新或者产业层面的创新，技术创新是其最重要的一环，其他的创新都得围绕技术创新展开。区域研究与开发活动对经济增长的作用越来越重要，将来定成为区域经济增长的核心动力。本部分就山东省2000年、2016年研发活动对经济增长的作用展开分析。首先分析山东省GDP与其研发活动的相关性，见表5-16。

表5-16 山东省GDP与研发活动的相关性

年份	R&D人员	R&D经费	拥有发明专利
2000	0.931	0.909	0.892
2016	0.992	0.988	0.982
增长（%）	6.55	8.69	10.09

由表5-16可以看出，两个年份区域GDP与区域研发活动人员数、研发经费投入、拥有发明专利数量之间有极高的相关性，两个年份对比看，各项的相关指数都有明显提高。现如今，区域GDP与区域研发活动之间的相关性几乎为完全相关。同时可见，区域研发活动的人员投入、经费投入与专利成

果产出是长期累积、密切联系的过程。

虽然山东省17地市的研发活动与GDP表现出极高的相关性，但是山东省研发活动仍然有待提高，还需要进一步提升研发活动对经济的推动作用，见表5-17。

表5-17　2016年山东省GDP与研发活动的相关性

研发活动			
R&D人员	基础研究人员	应用研究人员	试验发展研究人员
0.992	0.84	0.963	0.995
R&D经费	基础研究经费	应用研究经费	试验发展经费
0.988	0.876	0.981	0.987
拥有专利授权	发明专利	实用新型	外观
0.982	0.928	0.987	0.982

从表5-17可以看出，从GDP与研发人员的相关性看，GDP与基础研究的相关性最低，与应用研究的相关性居中，与试验发展研究的相关性最为密切。从GDP与研发经费的相关性看，也有类似特点，GDP与基础研究的相关性最低，与应用研究的相关性居中，与试验发展研究的相关性最为密切。从GDP与拥有专利授权的相关性看，GDP与发明专利的相关性最低，与外观发明专利的相关性居中，与试验新型专利的相关性最为密切。

可见，2016年山东省研发活动中的基础研究与GDP的相关性相对比较低，发明专利与GDP的相关性也相对较低。今后要加强对基础研究与应用研究的投入，以期获得高水平的发明专利成果，促进实用新型专利与外观专利成果的快速产出，从而更好地发挥研发活动对GDP增长的推动作用。一个区域GDP的高质量发展，要有长期协调的人员投入与经费投入，才能获得相应的研发产出，最终推动区域经济的优化、发展。17地市GDP与研发活动相对于人口的区位商表现出高度的相关性（表5-18）。

表5-18　山东省17地市GDP的区位商与研发活动的区位商

地区	2000年				2016年			
	GDP	R&D人员	R&D经费	授权发明专利	GDP	R&D人员	R&D经费	授权发明专利
济南市	1.760	2.668	2.235	2.148	1.342	2.209	1.377	2.167
淄博市	1.645	2.158	1.758	3.371	1.396	1.625	1.311	1.151

地区	2000年				2016年			
	GDP	R&D 人员	R&D 经费	授权发明专利	GDP	R&D 人员	R&D 经费	授权发明专利
枣庄市	0.726	0.291	0.352	0.538	0.813	0.553	0.570	0.656
济宁市	0.766	0.603	0.517	0.278	0.765	0.721	0.619	0.776
泰安市	0.767	0.680	0.708	0.614	0.873	0.859	0.936	0.545
莱芜市	0.939	0.803	0.879	0.392	0.756	1.075	0.829	1.547
临沂市	0.580	0.339	0.283	0.300	0.572	0.472	0.523	0.410
德州市	0.701	0.172	0.279	0.558	0.752	0.523	0.485	0.538
聊城市	0.529	0.370	0.377	0.560	0.703	0.376	0.645	0.542
菏泽市	0.256	0.053	0.007	0.132	0.441	0.264	0.253	0.328
内陆地区	**0.791**	**0.719**	**0.727**	**0.768**	**0.808**	**0.815**	**0.713**	**0.786**
青岛市	1.702	3.073	3.285	2.001	1.615	1.906	1.977	2.430
威海市	2.385	1.155	2.506	2.330	1.691	1.703	1.761	1.657
日照市	0.795	0.316	0.344	0.369	0.923	0.491	0.545	0.572
东营市	2.817	2.761	2.174	3.071	2.425	1.449	2.735	1.544
烟台市	1.432	1.660	1.630	1.742	1.456	1.320	1.609	0.789
潍坊市	0.888	0.753	0.645	0.942	0.876	0.902	0.978	1.100
滨州市	0.782	0.376	0.891	0.104	0.943	1.090	1.059	0.720
沿海地区	**1.369**	**1.496**	**1.639**	**1.407**	**1.328**	**1.307**	**1.477**	**1.355**

从表5-18可以看出，两个年份GDP区位商与研发活动区位商大于1的地市有青岛市、济南市、淄博市、威海市、东营市、烟台市。枣庄市、临沂市、德州市、聊城市、菏泽市、日照市是研发实力低下的地市。从两个年份对比看，17地市的研发实力差距相对缩小。内陆地区与沿海地区之间的研发实力差距十分明显，这是造成经济差距的主要原因（表5-19、表5-20）。

表5-19 山东省17地市的GDP与研发活动情况

地区	2000年				2016年			
	GDP（亿元）	R&D人员（人）	R&D经费（亿元）	拥有发明专利（件）	GDP（亿元）	R&D人员（人）	R&D经费（万元）	拥有发明专利（件）
济南市	952	6 175	72 526	227	6 536	48 413	1 567 365	4 502
淄博市	642	3 604	41 158	257	4 412	23 102	968 486	1 043
枣庄市	249	427	7 235	36	2 143	6 558	350 974	290
济宁市	578	1 949	23 424	41	4 302	18 252	813 324	572
泰安市	396	1 504	21 929	62	3 317	14 678	831 201	407
莱芜市	110	404	6 196	9	703	4 498	180 126	297
临沂市	555	1 387	16 232	56	4 027	14 939	860 081	680
德州市	360	379	8 599	56	2 933	9 174	442 567	329
聊城市	281	840	11 975	58	2 859	6 892	613 294	380
菏泽市	209	185	357	21	2 560	6 909	342 989	274
内陆地区	4 332	16 854	214 705	823	33 792	153 415	6 970 407	8 774
青岛市	1 150	8 881	133 082	264	10 011	53 150	2 863 656	6 559
威海市	561	1 162	35 340	107	3 212	14 555	782 039	598
日照市	210	356	5 432	19	1 802	4 319	249 051	207
东营市	465	1 950	21 522	99	3 480	9 352	917 155	360
烟台市	880	4 362	60 038	209	6 926	28 251	1 788 622	1 268
潍坊市	715	2 593	31 099	148	5 523	25 584	1 441 328	1 259
滨州市	270	555	18 436	7	2 470	12 855	648 646	379
沿海地区	4 251	19 859	304 949	853	33 424	148 065	8 690 496	10 630

从表5-19可以看出，尽管各地市之间研发活动的水平存在明显差距，但就每一地市而言，研发活动取得了很大的进步。经过了16年之后，2016年与2000年相比各项指标的增加情况是，济南市GDP增加了5.87倍，研发人员增加了6.84倍，研发经费增加了20.61倍，拥有的专利增加了18.83倍。淄博市GDP增加了5.87倍，研发人员增加了5.41倍，研发经费增加了22.53倍，拥有的专利增加了3.06倍。枣庄市GDP增加了7.61倍，研发人员增加了14.36倍，研发经费增加了47.52倍，拥有的专利增加了7.06倍。济宁市GDP增加了6.44倍，研发人员增加了8.36倍，研发经费增加了33.72倍，拥有的专利增加了12.95倍。泰安市GDP增加了7.38倍，研发人员增加了8.76倍，研发经费增加了36.91倍，拥有的专利增加了5.56倍。莱芜市GDP增加了5.39倍，研发人员增加了10.13倍，研发经费增加了28.07倍，拥有的专利增加了32倍。临沂市GDP增加了6.26倍，研发人员增加了9.77倍，研发经费增加了51.99倍，拥有的专利增加了11.14倍。德州市GDP增加了7.15倍，研发人员增加了23.21倍，研发经费增加了50.47倍，拥有的专利增加了4.88倍。聊城市GDP增加了9.17倍，研发人员增加了7.21倍，研发经费增加了50.21倍，拥有的专利增加了5.55倍。菏泽市GDP增加了11.25倍，研发人员增加了36.35倍，研发经费增加了959.21倍，拥有的专利增加了12.05倍。内陆地区GDP增加了6.8倍，研发人员增加了8.1倍，研发经费增加了31.47倍，拥有的专利增加了9.66倍。

青岛市GDP增加了7.11倍，研发人员增加了4.98倍，研发经费增加了20.52倍，拥有的专利增加了23.84倍。威海市GDP增加了4.73倍，研发人员增加了11.53倍，研发经费增加了21.13倍，拥有的专利增加了4.59倍。日照市GDP增加了7.58倍，研发人员增加了11.13倍，研发经费增加了44.85倍，拥有的专利增加了9.89倍。东营市GDP增加了6.48倍，研发人员增加了3.8倍，研发经费增加了41.62倍，拥有的专利增加了2.64倍。烟台市GDP增加了6.87倍，研发人员增加了5.48倍，研发经费增加了28.79倍，拥有的专利增加了5.07倍。潍坊市GDP增加了6.72倍，研发人员增加了8.87倍，研发经费增加了45.35倍，拥有的专利增加了7.51倍。滨州市GDP增加了8.15倍，研发人员增加了22.16倍，研发经费增加了34.18倍，拥有的专利增加了53.14倍。沿海GDP增加了6.86倍，研发人员增加了6.46倍，研发经费增加了27.5倍，拥有的专利增加了11.46倍。

表5-20　山东省沿海地区与内陆地区研发活动的区位商

地区		2000年				2016年			
		GDP	R&D 人员	R&D 经费	拥有发明专利	GDP	R&D 人员	R&D 经费	拥有发明专利
内陆地区	总值	4 332	16 854	214 705	823	33 792	153 415	6 970 407	8 774
	区位商	0.791	0.719	0.727	0.768	0.808	0.815	0.713	0.786
沿海地区	总值	4 251	19 859	304 949	853	33 424	148 065	8 690 496	10 630
	区位商	1.369	1.496	1.639	1.407	1.328	1.307	1.477	1.355

　　各地市GDP的差异首先是由于R&D总投入有差异，但是这不是差距的全部，关键是投入后的产出。山东省各地市经济发展的差异，研发活动投入与产出的差异是主要原因。

6 山东省经济格局优化前瞻

6.1 主要结论

山东省经济的空间格局具有较强的空间分异性与继承性。2005年经济发展水平空间格局可分为7个板块，即半岛高水平区、半岛中等水平区、济南—淄博—河口高水平区、鲁西北较低水平区、长清—济宁—枣庄中等水平区、冠县—菏泽低水平区、环临沂较低水平区。2016年经济发展水平空间格局可分为6个板块，即济南—淄博—河口—半岛高水平区、半岛中等水平区、鲁西北较低水平区、高唐—齐河—长清—济宁—枣庄中等水平区、冠县—菏泽低水平区、环临沂较低水平区。2016年以后的经济发展水平空间格局可分为9个板块，即淄博—河口高水平区、青岛高水平区、烟台—威海高水平区、茌平—济南—莱州湾—诸城中高水平区、半岛中等水平区、鲁西北较低水平区、临沂外围中低水平区、冠县—菏泽低水平区、环临沂较低水平区。在半岛地区，高水平的县区有所减少，原来济南—淄博—河口高水平区也出现了碎片化，济南的区县多演化为中高水平区，威海、烟台、青岛围城的中等水平区演化为较低水平区，黄河河口区水平有所上升，鲁西北地区发展水平明显降低，菏泽周围县区发展水平有所上升，临沂低水平区域的格局基本未变。总体看来，2016年以后山东经济格局呈弱化趋势。

从不同时期区域发展水平演变看，65.69%的县级区域保持原来经济发展水平；同时有34.31%的县（市）的发展水平发生了变化，其中，水平相对下降的概率为59.57%，明显高于上升的概率，表明山东省县域经济水平总体相对下降。不同级别间的演变概率尽管较高，但更多的变化存在于较低级别与低水平、中高水平与高水平之间，跨级别转移的概率很低，这也反映出在山东省县级区域经济发展水平的总体格局没有本质的变化，而高水平级别与低水平级别县（市）的数目都有所增加，轻微地加大了两级分化的程度。通过对比分析西部经济隆起带范围内60个县（区）的2002—2013年发展水平格局后发现，在两个年份，"隆起带"上水平下降县（区）数目比上升县（区）多了7个，经济发展水平是相对总体下降的态势。与全省其他地区相比，没有隆起。

山东经济的空间格局表现出明显的海陆分异特点，这样的特点与世界经济沿海化发展趋势契合。随着海洋经济的进一步发展，这种趋势有可能会更加明显。从农业生产的角度，湿地资源导致渔业产值在17地市之间有明显不同。沿海地区农业人口渔业产值为8 730元，而内陆地区的数值仅为856元，二者之间的差距是十分悬殊的。与内陆地区相比，沿海地区多了海洋产业与海洋相关产业两个发展动力来源。目前而言，除了海洋渔业发展速度相对较低之外，滨海旅游业的产值规模已是海洋渔业的3倍以上。就国家而言，海洋相关产业年名义增长率为11.12%，滨海旅游业年均增速高达17.25%，海洋交通运输业增速为16.95%，海洋工程建筑业增速为25.16%，海洋船舶制造业增速为19.67%，海洋生物医药业增速为25.75%，海洋化工业增速为35.77%。海洋渔业增速最低，为6.92%。海洋产业在我国还有很大的发展潜力。如果山东省在海洋产业获得长足进步，则会更加加剧区域发展差距。

从交通条件看，沿海地区航空旅客周转量占山东总体的66.92%，沿海地区港口货物吞吐量占山东总体的95.24%；沿海与内地在航空与水运方面的差距十分悬殊。从铁路交通看，沿海地市开通的高速铁路与普通铁路的线路数量也是明显多于内陆地市，但与内陆地市的差距是三类交通中差距最小的。综上所述，山东省17地市因为海陆位置差异和海陆空交通网络建设水平的差异，已经形成了明显的综合交通差异。交通条件的差异也是奠定山东省经济区域格局海陆差异的主要原因之一。

山东省区域经济发展与区域研发活动人员数、与研发经费投入、与拥有发明专利数量之间有极高的相关性，随着时间推移，各项的相关指数都是明显提高的过程。目前而言，区域GDP与区域研发活动之间的相关性几乎为完全相关。研发活动区位商大于1的地市有青岛市、济南市、淄博市、威海市、东营市、烟台市。枣庄市、临沂市、德州市、聊城市、菏泽市、日照市是研发实力低下的地市。内陆地区与沿海地区之间的研发实力差距十分明显，这是造成经济差距的主要原因之一。

从长远看，区域质量人口红利与区域经济发展具有正相关联系。根据前面质量人口红利水平与人均GDP相关分析结果看，2000年相关系数为0.399，2010年相关系数为0.544。可见，这两个年份山东省各县（区）的人均GDP与质量人口红利呈明显的正相关，两个年份都是中度相关，而且两者之间的相关程度是逐渐增高的状态和趋势。尽管山东省各县（区）的人均GDP与质量人口红利的相关系数没有达到高度相关的程度，但中度相关与相关系数的逐渐增加足以表明质量人口红利对区域经济格局的作用是确定的。

6.2 山东省区域经济格局优化策略

需要从改变海洋经济条件、交通条件、研发活动条件、质量人口红利条件入手寻求山东经济空间格局平衡发展的途径。这几个因素中，海洋经济条件是天然形成，发展经济只能在其基底上顺势而为，海陆差异导致的发展差异难以改变。质量人口红利的改变需要从儿童教育抓起，不但需要投入的时期长久，而且前期累计的优劣态势也难以改变。尽管难以改变，但是如果落后地区持续努力，附加以省级层面的外部助力，有可能缩小发达地区与相对较落后地区的差距。尽管没有质量人口红利所需要的长久投入，但研发活动也具有长期投入、累积优势与投入产出不确定的高风险特征。同样在外部助力的情况下，发达地区与相对落后地区之间的差距有可能缩小。在外部助力的前提下，最有可能改善的是交通条件，而外部助力更多来自省级层面，少数来自国家建设的福利。

首先，从山东省宏观空间规划分析突破的可能性和时空次序安排。2017年3月，经国务院同意由住建部批复实施，山东省人民政府新闻办公室召开新闻发布会，正式对外发布《山东省城镇体系规划（2011—2030年）》（以下简称《规划》）。这是山东省第一个到2030年的法定空间规划，为今后推进省域"多规合一"和空间建设规定了时空次序。《规划》提出了"双核四带六区"的城镇空间布局，"双核"即济南、青岛两个核心城市。济南将大力发展总部经济、服务经济、高端装备制造和高新技术产业，努力建设成为区域性经济中心、金融中心、物流中心和科技创新中心，成为环渤海地区南翼的中心城市；青岛大力发展金融财富、总部商务、商贸物流、旅游会展等现代服务业、先进制造业及海洋新兴产业，建成我国沿海重要中心城市和滨海度假旅游城市、国际性港口城市（彩图6-1）。

"四带"即济青聊、沿海、京沪通道、鲁南四条城镇发展带。济青聊城镇发展带以胶济、济聊铁路和济青、济聊高速公路形成的复合快速交通走廊为支撑，串联济南、青岛、淄博、潍坊、聊城等城市，是全省发展的中脊；沿海城镇发展带由青岛、烟台、威海、日照等沿海城镇组成，是联系东北地区和东部地区两大经济板块的重要通道；京沪通道城镇发展带以京沪高铁、京沪铁路和京福高速公路为依托，联系长三角和京津冀两大世界级城市群，是国家京沪发展轴的重要组成部分；鲁南城镇发展带由日照、临沂、枣庄、济宁、菏泽等城市组成，依托日菏通道，向西对接中原经济区，是国家陇海—兰新城镇发展轴和新丝绸之路经济带的组成部分。

《规划》合理调控城镇规模结构。到2030年，城区人口500万～1 000万的特大城市有济南、青岛；300万～500万的Ⅰ型大城市有淄博、烟台、临沂；100万～300万的Ⅱ型大城市有枣庄、东营、潍坊、济宁、泰安、威海、日照、德州、聊城、滨州、菏泽；50万～100万人的中等城市26个，50万人以下的小城市58个；10万人以上的建制镇20个左右，5万～10万人的建制镇60个。

从《规划》确定的城市规模空间分布特点看，山东省城镇体系建设的思路基于现有城市体系格局基础，既不是核心地区优先发展的不均衡发展策略，也不是非核心地区超常规发展的策略，而是基于现实的适度均衡发展策略。按照这个规划思路，到期山东西北、南部通道地区会得到好的发展。但根据本研究所揭示的山东省县级区域经济发展水平的可能格局判断，想要达到规划目标，需要作出很大的努力（彩图2-9）。

按照本研究的发现，山东省目前经济核心区有3部分：分别是济南—淄博—东营核心区、烟台—威海核心区、青岛核心区。据此而言，山东城镇体系空间格局已经形成河口—渤海湾—烟台—威海发展轴与青岛—潍坊—淄博—济南—聊城两条一级发展轴。这两条发展轴以潍坊为结点形成"X"形。对比现状城镇体系发展轴与规划目标，所规划的四带中，济青聊发展轴已经基本建成，沿海通道完成度也相对较高，至2030年确定能建成。京沪通道向两端扩展阻力不小。鲁南城镇发展轴是建设难度最大的一轴，鲁南城镇发展带由日照、临沂、枣庄、济宁、菏泽等城市组成，此轴同时与京沪通道、沿海发展轴、鲁南发展轴呈弱弱联合的状态。从山东省宏观空间规划的目标而言，体现出明显的空间均衡思想。这样的目标定位，从主观上意味着目前区域不均衡的格局有突破的可能性；客观上讲，京沪通道与鲁南通道的建设需要更多的投入。

其次，从改善内陆地区交通条件寻找突破。由于沿海与内陆在发展海洋经济与海洋相关产业的经济地理条件基本无法改变，质量人口红利的提升是较长期的工程，研发活动的提升也需要较长时间的持续投入。最容易见效且必须先行建设的是缩小内陆与沿海地区交通建设水平的差距。根据山东省人民政府日前印发的《山东省综合交通网中长期发展规划（2018—2035年）》，到2035年山东全面形成"四横五纵"综合交通大通道，建成功能完善、便捷高效、技术先进、安全绿色的铁路网、公路网、油气管线网，形成现代化沿海港口群和民航机场群，主要城市轨道交通基本成网，综合交通枢纽功能更加完善，综合交通科技创新能力和智慧化水平显著提升，为交通强省战略提供基础支撑。至21世纪中叶，全面构建陆、海、空立体交通运输通道，形成科学合理的综合交通网络布局（彩图6-2）。

《规划》提出，加快构建横贯东西的四横通道，分别为北部沿海通道、济青通道、鲁中通道、鲁南通道。其中，济青通道起自青岛，经潍坊、淄博、济南，至聊城，横贯山东省中部，东向对接海上丝绸之路，西向连通华北地区，并延伸至西部腹地，是全省经济社会发展的主轴和连接济南、青岛都市圈的黄金通道。

《规划》指出，提升完善纵贯南北的五纵通道，分别为东部沿海通道、京沪二通道、滨临通道、京沪通道、京九通道。其中，滨临通道起自滨州，经东营、淄博、莱芜，至临沂，纵贯山东省中部，对外连接京津冀、长三角地区，是华北、华东沿海地区南北纵向的重要运输通道。通道既有淄东、张博、辛泰磁莱等铁路，也有京沪、滨莱高速公路、国道205和国道206，临沂机场、东营机场，沧州至淄博天然气管道、广饶至齐鲁石化原油管道。加快淄东铁路电气化改造、滨港铁路二期、埕口至沾化高速公路、京沪和博莱高速公路改扩建。重点规划建设滨州至淄博、淄博至莱芜、莱芜至鲁南高铁和沾化至临淄至临沂高速公路项目，通过滨州、临沂两个重要节点城市，衔接京沪二通道，实现山东中部区域的南通北联。

《规划》提出，建设"四横六纵三环"内通外联高速铁路网。到2035年，山东省路网总规模达到5 700千米，同步规划800千米市域铁路，高铁网络覆盖县域范围达到93%以上，高铁通道进出口增加到15个，时速350千米高铁占比提高到80%以上，全面构建"四横六纵"现代化高铁网络，形成覆盖全省的"省会环、半岛环、省际环"格局。

四横：北部沿海高铁通道（河北石家庄—德州—济南商河—滨州—东

营—潍坊—烟台）、济青高铁通道（河南郑州—聊城—济南—滨州邹平—淄博—潍坊—青岛）、鲁中高铁通道（河北邯郸—聊城—泰安—莱芜—淄博沂源—临沂沂水—潍坊诸城—青岛胶南）、鲁南高铁通道（河南兰考—菏泽—济宁—临沂—日照）。

六纵：东部沿海高铁通道（辽宁大连—烟台—威海—青岛—日照—江苏连云港）、京沪高铁二通道（北京—天津—滨州—东营—潍坊—临沂—江苏新沂—上海）、滨临高铁通道（滨州—淄博—莱芜—临沂）、旅游高铁通道（济南—泰安—济宁曲阜—枣庄）、京沪高铁通道（北京—天津—德州—济南—泰安—济宁曲阜—枣庄—江苏徐州—上海）、京九高铁通道（北京—雄安—聊城—济宁梁山—菏泽—河南商丘—浙江杭州）。

三环：省会环（德州—滨州—淄博—莱芜—泰安—聊城—德州）、半岛环（青岛—日照—临沂—潍坊—烟台—威海—青岛）、省际环（德州—滨州—东营—潍坊—烟台—威海—青岛—日照—临沂—枣庄—济宁—菏泽—聊城—德州）。到2022年，重点推进济青、鲁南、北部沿海、京九、京沪高铁二通道、滨临、东部沿海通道铁路项目，争取在建和新开工高铁建设里程3 300千米。到2025年，持续推进通道项目建设，积极推动渤海海峡跨海通道规划建设，尽快打通高铁通道"主动脉"，基本建成全省现代化的高铁网络（图6-1）。

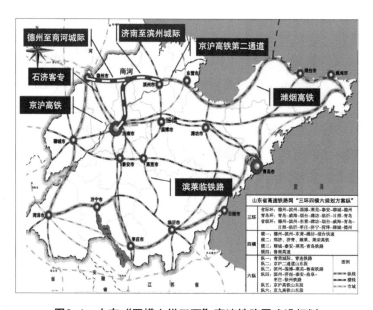

图6-1 山东"四横六纵三环"高速铁路网建设规划

根据《规划》，高速铁路规划建设重点近期项目为国家干线通道：加快建设济青高铁、鲁南高铁、青岛至连云港铁路；重点推进郑州至济南铁路、雄安至商丘铁路、京沪高铁二通道；积极推动渤海海峡跨海通道规划建设。省内高铁通道：加快建设潍坊至莱西铁路、济南至莱芜铁路；重点推进济南至滨州、滨州至东营、潍坊至烟台、莱西至荣成、淄博至莱芜等铁路项目规划建设；规划研究滨州至淄博、莱芜至鲁南高铁、德州至商河、青岛西至京沪高铁二通道项目。市域铁路：积极推进即墨至海阳、张店至博山既有铁路改造、济南至章丘、济南至齐河等项目规划建设，争取纳入国家市域铁路示范项目；规划研究莱州至平度、栖霞至福山、日照至青岛董家口、东营至河口、淄博至滨州港既有铁路改造、张店至博山铁路延长线等市域铁路。

高速铁路建设重点远期规划项目为，加快推进渤海海峡跨海通道建设；规划研究济南至泰安至曲阜至枣庄至徐州旅游通道、聊城至德州、枣庄至临沂、临沂至连云港、聊城至邯郸、泰安至聊城、泰安至莱芜、莱芜至京沪高铁二通道、济南至济宁、淄博至东营、菏泽至徐州、菏泽至枣庄、菏泽至濮阳等城际铁路；加快推进济南都市圈、青岛都市圈市域铁路规划建设，积极推动烟威都市区、东滨都市区、济枣菏都市区、临日都市区市域铁路规划建设。

目前，山东已建成京沪高铁、石济客专、青荣城际、胶济客专4个高铁项目，通车里程1 240千米，居全国第7位。在建济青高铁、鲁南高铁和青岛至连云港、潍坊至莱西、济南至莱芜铁路5个项目，建设里程1 230千米。郑州至济南铁路、雄安至商丘铁路、京沪高铁二通道等国家干线高铁和济南至滨州、滨州至东营、潍坊至烟台、莱西至荣成等城际铁路项目。前期工作正在加快推进，规划里程1 720千米。

货运铁路方面，近期建设重点包含加快实施大莱龙铁路扩能改造、淄博至东营铁路扩能改造、邯济胶济铁路联络线工程等项目；建设董家口港、烟台西港、莱州港、东营港、滨州港、潍坊港等疏港铁路项目和临沂、滨州、潍坊北站高铁物流基地、鲁中、东营利津等铁路物流园项目等。

高速公路建设要优化完善四通八达公路网。根据《规划》，山东高速公路新增规划里程700千米，到2035年，全省路网总规模达到9 000千米，覆盖全省所有县（市、区），高速公路通道进出口增加到27个，与普通干线公路和城市主干道路高效衔接，形成"九纵五横一环七射多连"网络布局，力争实现通道内均有2条以上贯通的高速公路。

高速公路规划建设重点近期建设项目包含，加快建设荣乌高速潍坊至日照联络线潍城至日照段、青兰高速泰安至东阿界（含黄河大桥）段、长深高速高青至广饶段、秦滨高速埕口（鲁冀界）至沾化段、菏宝高速东明黄河大桥及连接线、青银高速青岛至济南段扩建工程、龙青高速龙口至莱西（沈海高速）段、莘县至南乐、文登至莱阳、岚山至罗庄、滨莱高速淄博西至莱芜段改扩建、德上高速巨野至单县（鲁皖界）段、德上高速京台高速至G105段、岚菏高速临枣高速至枣木高速段、济南至泰安、枣庄至菏泽、董家口至梁山（鲁豫界）宁阳至梁山段、济南至乐陵高速公路南延线工程、青岛新机场高速、济南绕城高速二环线东环段、董家口至梁山（鲁豫界）新泰至宁阳段、高唐至东阿、新泰至台儿庄（鲁苏界）公路新泰至台儿庄马兰屯段、潍日高速公路潍坊连接线、青兰高速东阿界至聊城（鲁冀界）段、青兰高速莱芜至泰安段改扩建、京沪高速莱芜至临沂（鲁苏界）段改扩建等。开工建设沾化至临淄、济宁新机场高速、日兰高速巨野西至菏泽段扩建、京台高速德州（鲁冀界）至齐河段改扩建、京台高速泰安至枣庄（鲁苏界）段改扩建、菏宝高速菏泽至东明段改扩建、董家口至梁山高速董家口至五莲至新泰段、濮阳至阳新高速菏泽段、济南绕城高速二环线西环段、济南至高青、临淄至临沂、济南至潍坊等。

高速公路规划建设重点远期规划项目包含，加快建京沪高速公路莱芜至临沂（鲁苏界）段扩建、沾化至临淄、济宁新机场高速、日兰高速巨野西至菏泽段扩建、京台高速德州（鲁冀界）至齐河段改扩建、京台高速泰安至枣庄段改扩建、菏宝高速菏泽至东明段改扩建、董家口至梁山高速董家口至五莲至新泰段、濮阳至阳新高速菏泽段、济南绕城高速二环线西环段、济南至高青、临淄至临沂、济南至潍坊等。开工建设高青至德州、聊城至鄄城（鲁豫界）、临淄至临沂南延至鲁苏界、莱州至董家口港区、临沂至滕州、济南绕城高速二环线南环段、德州至高唐、长深高速东营至青州段改扩建、济广高速济南至巨野段改扩建等。

分类建设多层覆盖机场群。在运输机场建设方面，实施民航优先战略，提升完善济南、青岛、烟台枢纽机场功能，统筹推进淄博、枣庄、东营、潍坊、济宁、泰安、威海、日照、临沂、德州、聊城、滨州、菏泽支线机场规划建设，构建"三枢十三支"运输机场格局，形成渤海湾南部运输机场群，推动机场群与城市群协同发展。到2022年，全省运输机场达到12个。通用机场建设方面，到2022年，新建28个A1级通用机场、5个A2级通用机场、1

个B类通用机场，改扩建通用机场1个，迁建通用机场1个，实现各市、部分县（市）和主要景点均有通用机场。

构建便捷高效的轨道交通网络体系。持续推进青岛"一环四线、三城三网、网间互联"城市轨道交通网络建设，尽快实现干线成网、支线联通。近期，重点推进济南城市轨道交通一期、青岛一期和二期建设项目，新增运营里程340千米。积极推动济南二期、青岛三期和淄博、潍坊近期建设规划编报实施工作，推进烟台、济宁、临沂、威海等城市轨道建设规划编制工作，全省运营里程力争达到500千米。

城市轨道交通近期建设重点为，建成济南R1线、R3线一期工程和青岛地铁1号、4号、8号线及轻轨13号线等项目；开工建设济南R2线、青岛地铁6号线一期工程等项目；力争淄博、潍坊城市轨道交通开工建设。

根据《规划》，高速铁路规划建设重点近期项目中国家干线通道共7条，涉及鲁西、鲁南地区的有3条。省内高铁通道建设项目共7条，规划项目4条，涉及鲁西、鲁南地区的有2条。市域建设4条，规划6条，涉及鲁西、鲁南地区的有1条。高速铁路规划建设重点远期规划项目共有20项，涉及鲁西、鲁南地区的有15条。在全部44条路线中，涉及鲁西、鲁南的有21条，近期建设的24条项目中，涉及鲁西、鲁南的有6条，占总数的1/4；远期建设的20条项目中，涉及鲁西、鲁南的有15条，占总数的3/4。由此可见，在高速铁路建设方面，鲁西、鲁南地区近期比较落后的状况仍将维持一段时间，如果远期的规划项目完成的话，才能形成比较均衡的省内高铁网络。

高速公路规划建设重点近期建设项目39个，涉及鲁西、鲁南地区的有25条。高速公路规划建设重点远期规划项目共22条，涉及鲁西、鲁南地区的有15条。这将会极大地提升鲁西、鲁南地区高速公路的建设水平，为促进区域经济发展提供基础保障。

民用机场"三枢十三支"运输机场格局，推动机场群与城市群协同发展。《规划》对鲁西、鲁南地区民用机场建设迅速发展给予了很高的关注。通用机场建设在全省分布比较均衡。城市轨道交通网络建设提升济南、青岛市交通便捷度。远期的建设可能改善烟台、济宁、临沂、威海等城市状况。

总体而言，近期交通建设规划是优先发展核心地区的思路，远期的建设才能使得鲁西、鲁南地区的交通状况得到明显的改善。这是近些年山东省相对于江苏、浙江、广东省的发展差距逐步加大的压力之下的理性选择。尽管如此，也得尽可能地促进内陆地区交通建设，保证并加速所规划的内陆地市高速铁路建设。这些项目建成后，将与京沪高速铁路、京九高速铁路、青连铁路、郑徐客运专线、邯济铁路、京沪第二通道等国家干线铁路实现互联互通，可有效改善鲁南、鲁西南、鲁西地区群众从沿海向内陆交通的条件，把这几个地区和国家腹地快速联系起来，沿线地区可以更加便捷地融入"一带一路"、京津冀协同发展和长江经济带三大国家战略及中原城市群发展战略，对于促进山东省特别是山东省西部、南北经济社会持续健康发展具有重要意义。在慎重考虑之后，适当加速内陆航空机场的建设。机场的建设、运营成本的门槛极高，规划之初应当充分考虑经济的可行性。对具有经济可行性的内陆机场要毫不迟疑地加速建设。可以通过加强内陆地市与沿海港口城市之间铁路、公路的联系，建立沿海港口与内陆地区的合作通道，改善内陆地区的交通状况。

尽管本研究的初衷是寻找山东省比较欠发达地区追赶发展的突破口，但经过笔者的分析，山东省经济的空间格局具有较强的空间分异性与继承性。将来山东省经济空间格局只在局部区域发生变化。在半岛地区，高水平的县（区）有所减少。济南—淄博—河口高水平区也出现了碎片化，济南演化为中高水平区，威海、烟台、青岛围成的中等水平区演化为较低水平区，黄河河口区水平有所上升，鲁西北地区发展水平明显降低，菏泽周围县（区）发展水平有所上升，临沂低水平区域的格局基本未变。总体看来，2016年以后山东省经济格局是弱化的趋势。山东省经济的空间格局表现出明显的海陆分异特点，这样的特点与世界经济沿海化发展趋势契合。随着海洋经济的进一步发展，这种趋势有可能会更加明显。

鉴于沿海地区与内陆地区在发展海洋产业与海洋相关产业的资源禀赋的先天不足难以改变，内陆地区只能采取积极进取的态度与沿海地区协作，争取在合作做大海洋产业后分享成果；否则，沿海与内陆地区在海洋产业与海洋相关产业的差距会更加扩大。

从山东省目前出台的《山东省城镇体系规划（2011—2030年）》与《山东省综合交通网中长期发展规划（2018—2035年）》规定的空间开发策略看，选择了适度均衡发展战略，近期的目标是发展核心区域，而比较欠发达地区的建设则是要等到核心区域进一步发展之后的扩散效应。京沪通道两端、沿海发展轴南段、鲁南发展轴呈弱弱联合的状态。山东省宏观空间规划的目标的空间均衡定位，从主观上意味着目前区域不均衡的格局有突破的可能性；客观上讲，京沪通道与鲁南通道的建设需要更多的投入。从交通规划的角度，欠发达地区的交通条件在2035年才能与发达区域看齐，而经济发展的空间格局的明显改善也应当在2035年之后。如此看来，《山东省城镇体系规划（2011—2030年）》所能取得的成果只能是努力提升欠发达区域经济的绝对水平，而山东省经济空间格局的分化未必会出现逆转。

综上所述，欠发达地区要缩小与其他区域的差距，需要付出比其他区域更多的努力。增加研发活动经费，增强研发队伍实力，以研发活动促进产业结构升级优化，是提升欠发达区域经济水平的有效选择。

参考文献

保罗·克鲁格曼. 2000. 地理和贸易[M]. 北京：北京大学出版社/中国人民大学出版社.

陈明，肖莹光. 2009. 从地方财政学视野看新城规划实施的可行性[J]. 城市发展研究，16
　（3）：41-49.

陈修颖. 2003. 区域空间结构重组理论初探[J]. 地理与地理信息科学，19（2）：65-69.

程钰，任建兰. 王亚平. 2012. 山东省区域发展水平空间分异特征及评估分类研究[J]. 世界地
　理研究，21（1）：58-64.

德州市人民政府网. 概况信息[EB/OL]. http://www. dezhou. gov. cn/n19182539/index. html.

邓苏，张晓. 2006. 山东省区域经济差距的变动趋势与内部构成[J]. 东岳论丛，27（4）：
　70-75.

东营市人民政府. 市情[EB/OL]. http://www. dongying. gov. cn/col/col40584/index. html.

耿明斋. 2005. 现代空间结构理论回顾及区域空间结构的演变规律[J]. 区域经济评论（11）：
　16-20.

郭腾云，徐勇，马国霞，等. 2009. 区域经济空间结构理论与方法的回顾[J]. 地理科学进展，
　28（1）：111-118.

菏泽市人民政府网. 走进菏泽[EB/OL]. http://www. heze. gov. cn/col/col11096/index. html.

济南市政府网. 济南概况[EB/OL]. http://www. jinan. gov. cn/col/col129/index. html.

济宁市人民政府网. 临沂概况[EB/OL]. http://www. linyi. gov. cn/sq. htm.

济宁市人民政府网. 走进济宁[EB/OL]. http://www. jining. gov. cn/col/col2598/index. html.

莱芜人民政府网. 自然地理[EB/OL]. http://www. laiwu. gov. cn/art/2016/8/24/art_35250_2975193. html.

聊城市人民政府网. 走进聊城[EB/OL]. http://www. liaocheng. gov. cn/lcsq/zrdl/.

刘冰. 2013. 打造西部经济隆起带 实现山东经济持续健康发展[J]. 山东经济战略研究（9）：
　10-12.

刘金涛. 2016. 山东省区域经济发展差异的时空特征分析[J]. 统计与决策（12）：95-98.

陆玉麒. 2002. 中国区域空间结构研究的回顾与展望[J]. 地理科学进展，21（5）：468-476.

青岛市情网. 市情综合[EB/OL]. http://qdsq. qingdao. gov. cn/n15752132/n15752711/
　160812110726762883. html.

日照政府网. 自然环境[EB/OL]. http://www. rizhao. gov. cn/col/col33134/index. html.

孙希华，张淑敏. 2003. 山东省区域经济差异分析与协调发展研究[J]. 经济地理，23（5）：
　611-614.

泰安市人民政府网. 市情[EB/OL]. http://www. taian. gov. cn/col/col45773/index. html.

威海市政府网. 威海概况[EB/OL]. http://www. weihai. gov. cn/col/col17049/index. html.

潍坊市地方史志编纂委员会. 1995. 潍坊市志（上卷）[M]. 北京：中央文献出版社.

魏后凯. 1998. 当前区域经济研究的理论前沿[J]. 开发研究（1）：34-38.

魏然，李国梁. 2006. 京津冀区域经济一体化可行性分析[J]. 经济问题探索（12）：26-30.

肖燕，孙壮. 2012. 山东省区域经济发展状况GIS评价[J]. 测绘科学，37（5）：147-149.

徐瑞华，杜德斌. 2002. 山东省区域经济差异及发展对策研究[J]. 经济与管理评论（5）：74-77.

烟台市政府网. 烟台概况[EB/OL]. http://www. yantai. gov. cn/col/col11751/index. html.

杨冬梅. 2007. 山东省区域经济发展差异及其制度解析[J]. 东岳论丛，28（6）：181-185.

杨国安. 2004. 山东省区域经济增长差异实证分析[J]. 中国科学院研究生院学报，21（4）：
481-487.

于汉征，徐成龙. 2012. 山东省区域经济差异趋势研究[J]. 资源开发与市场，28（1）：
48-50.

张锦宗，朱瑜馨，赵飞，等. 2017. 我国粮食生产格局演变及增产贡献研究[J]. 中国农业资源
与区划，38（7）：10-16.

张瑞璇，王富喜. 2011. 山东省区域经济发展差异研究[J]. 特区经济（2）：80-81.

赵大英. 2004. 港澳珠大桥的方案选择与财务可行性分析[J]. 经济地理，24（5）：633-637.

赵明华，郑元文. 2013. 近10年来山东省区域经济发展差异时空演变及驱动力分析[J]. 经济地
理，33（1）：79-85.

中国滨州. 市情[EB/OL]. http://www. binzhou. gov. cn/shiqing/class/?6. html.

中国枣庄. 概况信息[EB/OL]. http://www. zaozhuang. gov. cn/sq/.

淄博市人民政府网. 淄博概述[EB/oL]. http://www. zibo. gov. cn/col/col1239/index. html.

Anthony F Shorrocks. 1980. The class of additively decomposable inequality measures [J]. Econo-
metrica，48（3）：613-626.

Anthony F Shorrocks. 1984. Inequality decomposition by population subgroups [J]. Econometri-
ca，52（6）：1 369-1 385.

Ashok Mathur. 1983. Regional development and income disparities in India: a sectoral analysis [J].
Economic Development and Cultural Change，31（3）：475-505.

Camilo Dagum. 1997. A new approach to the decomposition of the Gini income inequality ratio [J].
Empirical Economics（22）：515-531.

Francois Bourguignon. 1979. Decomposable income inequality measures [J]. Econometrica，47
（4）：901-920.

Johannes Schwarze. 1996. How income inequality changed in germany following reunification：
an empirical analysis using decomposable inequality measures [J]. Review of Income and
Wealth（42）：1-11.

Jonathan Morduch，Terry Sicular. 2002. Rethinking inequality decomposition，with evidence
from Rural China [J]. The Economic Journal，112（476）：93-106.

Peter J Lambert，J Richard Aronson. 1993. Inequality decomposition analysis and the Gini coefficient revisited [J]. The Economic Journal，103（420）：1 221-1 227.

Scott H Beck. 1991. The decomposition of inequality by class and by occupation：a research note [J]. The Sociological Quarterly，32（1）：139-150.

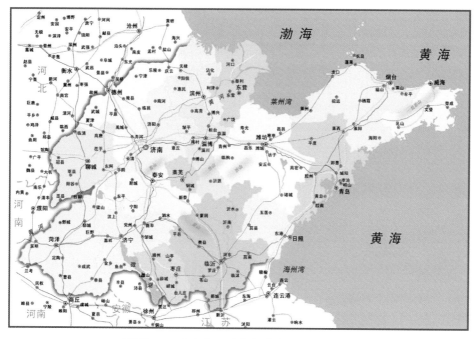

彩图1-1 山东省17地市海陆地理位置示意图

（来源：地之图. http://map.ps123.net/china/20154.html.2019,11,13）

注：青岛新机场启用后
现有流亭机场将关停

● 已有机场

● 新建机场

彩图1-2 山东民用机场区位示意图

（来源：新浪网. http://map.ps123.net/china/20154html）

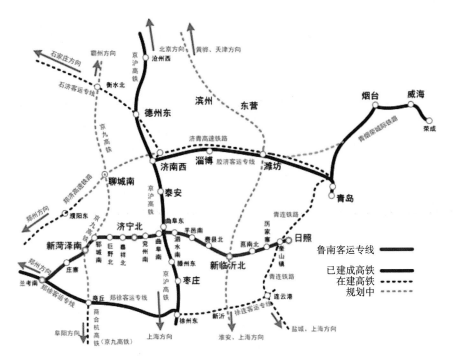

彩图1-3　高速铁路线路示意图

（来源：今日临沂.http://www.lynow.cn/linyi/2017/0803/4913493.html.2019,11,13）

彩图1-4　高速公路线路示意图

（来源：山东交通出行网.http://www.SDJTCX.COM.2019,11,13）

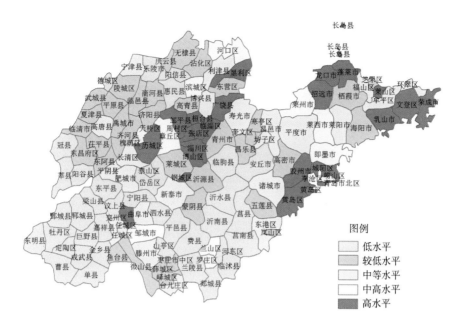

彩图2-1　山东省2005年县级区域人均GDP格局

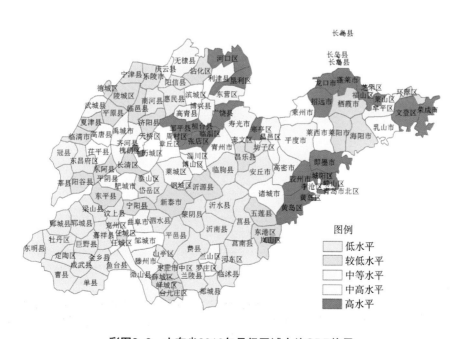

彩图2-2　山东省2016年县级区域人均GDP格局

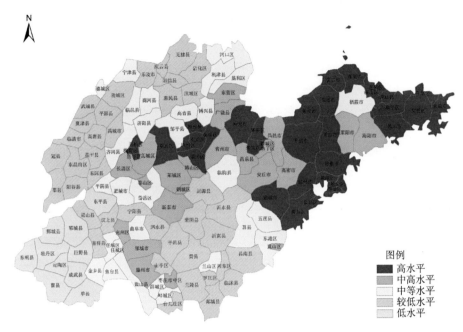

彩图2-3 2005年山东省县级区域人均农民收入格局

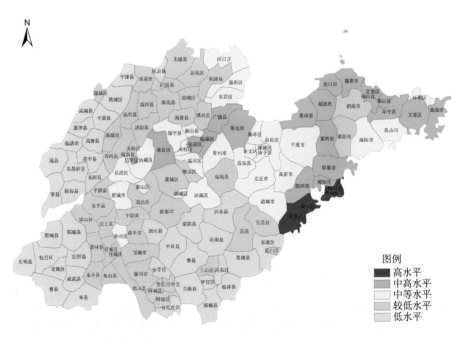

彩图2-4 2016年山东省县级区域人均农民收入格局

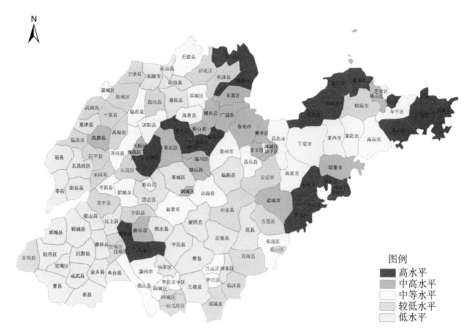

彩图2-5 2005年山东省县级区域人均地方财政收入格局

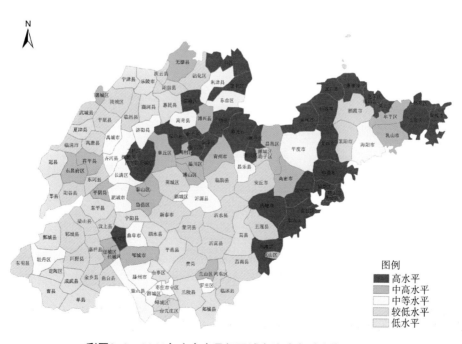

彩图2-6 2016年山东省县级区域人均地方财政收入格局

5

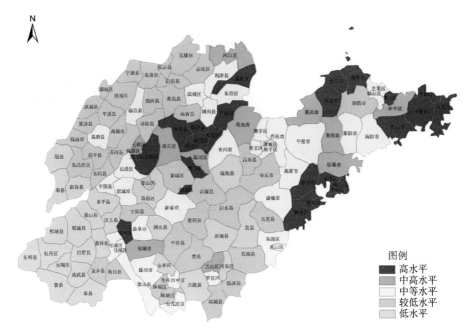

彩图2-7　2005年山东省经济发展水平格局

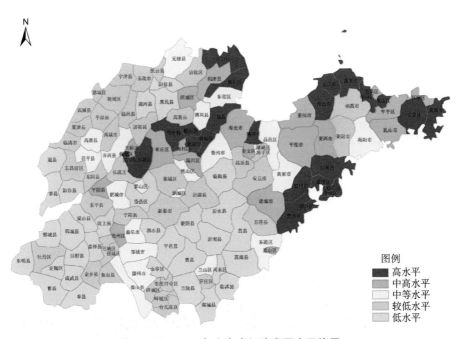

彩图2-8　2016年山东省经济发展水平格局

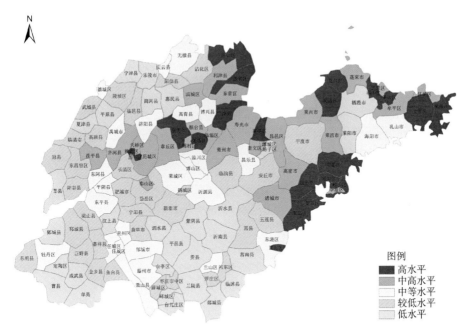

彩图2-9　未来山东省县级区域经济水平可能格局

彩图3-1　2001年山东省各地市城乡居民收入秩对应关系

7

彩图3-2　2016年山东省各地市城乡居民收入秩对应关系

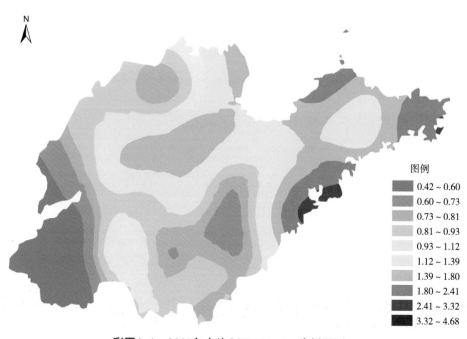

图例

0.42 ~ 0.60
0.60 ~ 0.73
0.73 ~ 0.81
0.81 ~ 0.93
0.93 ~ 1.12
1.12 ~ 1.39
1.39 ~ 1.80
1.80 ~ 2.41
2.41 ~ 3.32
3.32 ~ 4.68

彩图4-1　2005年人均GDP Kringing内插预测

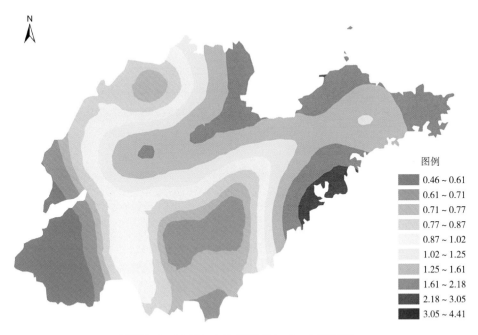

图例

▨	0.46 ~ 0.61
	0.61 ~ 0.71
	0.71 ~ 0.77
	0.77 ~ 0.87
	0.87 ~ 1.02
	1.02 ~ 1.25
	1.25 ~ 1.61
	1.61 ~ 2.18
	2.18 ~ 3.05
	3.05 ~ 4.41

彩图4-2 2016年人均GDP Kringing内插预测

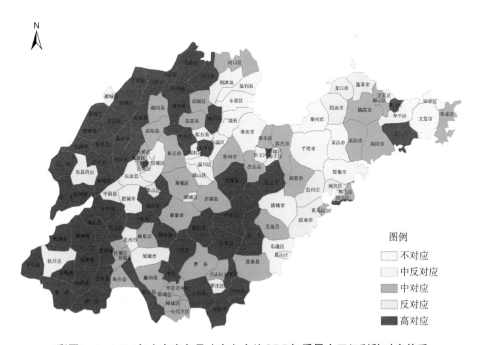

图例

☐	不对应
	中反对应
	中对应
	反对应
	高对应

彩图5-1 2000年山东省各县（市）人均GDP与质量人口红利秩对应关系

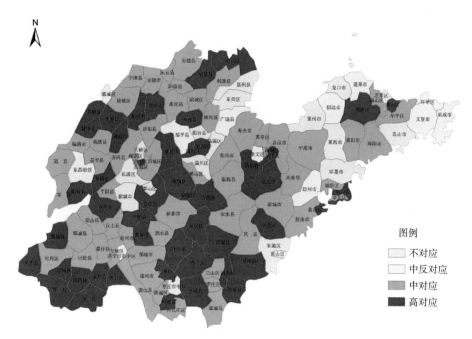

彩图5-2　2010年山东省各县（市）人均GDP与质量人口红利秩对应关系

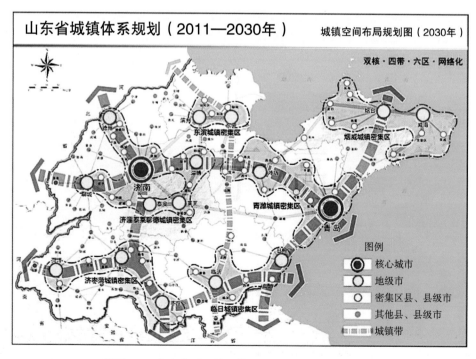

彩图6-1　山东省"双核四带六区"城镇体系建设规划

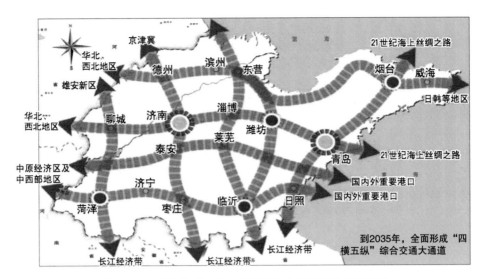

彩图6-2 山东省"四横五纵"综合交通大通道建设规划